电能计量现场
服务标准化
管理手册

轩刚毅　著

U0217606

中国水利水电出版社
www.waterpub.com.cn
·北京·

内 容 提 要

电能计量工作作为供电客户服务内容之一,其标准化运营和管理对树立国家电网品牌形象和提高公司美誉度具有十分重要的作用。全书主要内容包括:范围,规范性引用文件,标准化核心理念,职能和职责,现场服务标准化,服务管理标准化,计量服务咨询、管控及协同处理,计量装置类服务应答用语等。

本书可供电能计量现场服务工作人员、管理人员阅读,也可供电网企业其他相关人员参考。

图书在版编目(CIP)数据

电能计量现场服务标准化管理手册 / 轩刚毅著. --
北京 : 中国水利水电出版社, 2018.12
ISBN 978-7-5170-7225-6

Ⅰ.①电… Ⅱ.①轩… Ⅲ.①电能计量-技术服务-
标准化管理-手册 Ⅳ.①TM933.4-62

中国版本图书馆CIP数据核字(2018)第274929号

书　　名	电能计量现场服务标准化管理手册 DIANNENG JILIANG XIANCHANG FUWU BIAOZHUNHUA GUANLI SHOUCE	
作　　者	轩刚毅　著	
出版发行	中国水利水电出版社 (北京市海淀区玉渊潭南路1号D座　100038) 网址:www.waterpub.com.cn E-mail:sales@waterpub.com.cn 电话:(010)68367658(营销中心)	
经　　售	北京科水图书销售中心(零售) 电话:(010)88383994、63202643、68545874 全国各地新华书店和相关出版物销售网点	
排　　版	中国水利水电出版社微机排版中心	
印　　刷	天津嘉恒印务有限公司	
规　　格	140mm×203mm　32开本　4.125印张　111千字	
版　　次	2018年12月第1版　2018年12月第1次印刷	
印　　数	0001—1500册	
定　　价	**58.00元**	

前　　言

　　各种规章制度是电能计量（可简称"计量"）工作人员执行任务的依据，是管理人员开展管理的标准。为提升电能计量标准化、科学化管理水平，作者特撰写了《电能计量现场服务标准化管理手册》一书。目的是通过规范人员行为、提供操作方法指导、提升营销人员安全防护意识、降低现场作业安全风险，夯实管理基础，强化新服务理念、新业务、新技术培训，来提高管理效率。

　　本书按照电能计量专业运营管理的内容分为 8 部分，主要内容包括：范围，规范性引用文件，标准化核心理念，职能和职责，现场服务标准化，服务管理标准化，计量服务咨询、管控及协同处理，计量装置类服务应答用语等。

　　在本书撰写过程中，作者结合计量专业运营实际，广泛参考了同行业和其他行业的先进做法和实践经验，因此本书具备领先性、可操作性与实用性。本书图文并茂，将标准服务形象、规范操作图片与文字内容紧密联系，便于阅读者理解和掌握。

　　在本书撰写过程中，得到了国网河南省电力公司领导的大力支持，在此表示衷心的感谢。

　　本书由轩刚毅著。参与本书撰写工作的还有姚艳霞、华隽、闫利、童新红、付煜东、程维欣、孙洪涛、刘海燕、刘爽、李晓、郭腾举、孙艳、刘玲军、宋晓旭、李臻、郭蒙蒙、王晓璇、付永健等。

　　由于水平有限，书中难免存在疏漏或不当之处，敬请批评指正。

作者

2018 年 10 月

目　　录

1 范　　围

　　本书包含以下计量中心的现场服务工作管理内容：职能和职责描述、现场服务规范、服务现场管理、后台管理等，适用于计量专业的日常过程管理和现场管理工作。

2　规范性引用文件

《中华人民共和国电力法》

《电力供应与使用条例》（中华人民共和国国务院令〔1996〕第 196 号）

《供电营业规则》（中华人民共和国电力工业部令第 8 号）

《国家电网公司供电服务规范》（国家电网公司 2011 年 11 月）

《国家电网公司供电服务十项承诺》（国家电网营销〔2005〕335 号）

《ISO10012 测量管理体系标准》（2003 版）

《国家电网公司供电服务质量标准》（Q/GDW 403）

《国家电网公司供电客户服务提供标准》（Q/GDW 581）

《中华人民共和国计量法》

《中华人民共和国计量法实施细则》

《国防计量监督管理条例》

《电能计量装置技术管理规程》（DL/T 448）

《多功能电能表》（DL/T 614）

《电能计量装置安装接线规则》（DL/T 825）

《国网公司文明服务规范》（国家电网生〔2003〕477 号）

《国家电网公司电能计量故障、差错调查处理规定（试行）的通知》（国家电网营销〔2005〕489 号）

《国家电网公司电力安全工作规程（变电部分）》（国家电网安监〔2009〕664 号）

《营销业扩报装工作全过程人身事故十二条措施（试行）》（国家电网营销〔2011〕237 号）

《营销业扩报装工作全过程安全危险点辨识与预控手册（试行）》的通知（国家电网营销〔2011〕237 号）

3 标准化核心理念

3.1 精准

以精准为计量工作的最高目标，检测过程规范严谨，提供全面、准确、细致的检定结果。

3.2 高效

提升服务效率，严格管控计量检定工作时限，打造高效能的计量服务。

3.3 创新

营造计量中心的创新文化氛围，鼓励内部管理创新、服务方式创新、计量技术创新，推动计量工作的不断进步。

4 职能和职责

4.1 服务内容

计量中心是供电公司面向客户、提供电能计量器具全生命周期管理的部门，主要服务内容包括电能计量器具的仓储、检定、安装、故障处理、改造、拆卸、质量监测、采集运维、采集监控等。通过对业务流程的全过程管理和服务现场管理，提升工作质量，达成管理目标，提升客户满意。

4.1.1 计量装置安装与拆卸

根据客户的用电需求，提供计量装置的安装服务，并根据用电需求的变化，提供客户计量装置装、拆服务。

4.1.2 计量装置检验

按照 DL/T 448《电能计量装置技术管理规程》要求，为河南省计量中心配送的电能表、互感器进行抽检，为新投运或改造后的Ⅰ～Ⅲ类电能计量装置应在带负荷情况下提供首次检验服务。对运行中的Ⅰ类、Ⅱ类、Ⅲ类电能表，高压互感器、电压互感器二次回路电压降，以及二次回路负荷按规程规定周期进行现场检验。受理客户的检验需求，提供临时检验服务。对运行中或更换拆回的电能计量器具准确性有疑义时，电能计量技术机构宜先进行现场核查或现场检验，仍有疑义时应进行临时检定。

（1）Ⅰ类电能计量装置：220kV 及以上贸易结算用电能计量装置，500kV 及以上考核用电能计量装置，计量单机容量300MW 及以上发电机发电量的电能计量装置。

（2）Ⅱ类电能计量装置：110（66）～220kV 贸易结算用电能计量装置，220～500kV 考核用电能计量装置，计量单机容量100～300MW 发电机发电量的电能计量装置。

（3）Ⅲ类电能计量装置：10～110（66）kV贸易结算用电能计量装置，10～220kV考核用电能计量装置，计量单机容量100MW以下发电机发电量、发电企业厂（站）用电量的电能计量装置。

4.1.3 计量装置轮换与改造

依照管理与服务的需要，根据规程的规定对计量装置进行周期轮换和改造。

4.1.4 计量装置故障与差错处理

提供计量装置故障抢修服务，明确时限要求，对故障差错进行处理。

4.1.5 计量监督

为客户提供计量监督服务，客户可现场观看表计检定全过程，服务过程透明化、公开化。对计量违规行为的处理，部门和企事业单位或者上级主管部门给予行政处分，县级以上地方计量行政部门对计量违法行为，依法给予行政处罚。

4.2 服务职责

（1）严格遵守国家法律法规，执行国家方针政策。

（2）以客为尊，不断提高服务水平，为电力客户提供优质高效的服务。

（3）严格遵守"国家电网公司员工服务'十个不准'"，坚决杜绝以工作之便谋取私利的行为。

（4）着装整洁，仪表大方，举止文明，言辞得当，展示良好计量专业及公司形象。

（5）为客户服务时，应礼貌、谦和、热情。与客户会话时，应亲切、诚恳，有问必答。工作发生差错时，应及时更正并向客户解释。

（6）以主人翁责任感和使命感对待工作，认真负责，忠于职守。

（7）主动接受行业监管和社会各方监督，加强沟通交流，营造和谐氛围。

（8）当客户的要求与政策、法律、法规及本企业制度相悖时，应向客户耐心解释，争取客户理解，做到有理有节。遇有客户提出不合理要求时，应向客户委婉说明，不得与客户发生争吵。

（9）完成上级交办的其他工作。

4.3 服务方式

服务方式包括面对面、电话、网上办理等方式。

实行"24 小时响应服务"，对电力报修请求和审校表服务做到快速反应、有效处理。除日常工作日外，为保证客户正常营业用电，尽可能利用午夜、凌晨时间对客户计量装置进行轮换或故障处理。

因天气等特殊原因造成故障较多不能在规定时间内到达现场进行处理的，应向客户做好解释工作，并争取尽快安排抢修和审校表服务工作。

5 现场服务标准化

（1）按照国家电网公司的规定，换装电表前，供电企业将提前3个工作日公示，预先告知所涉及客户。换装工作要求按照严格规范的流程操作。

（2）更换电表时，如客户在家则请用户确认旧表底数，若客户不在家，要求以其他方式通知其电表底数或请居委会签字确认；供电企业拆回的电表至少存放1个月，以便用户提出异议时进行复核。

（3）如果用户发现自家电表在没有告知的情况被换成智能电表，可以向95598热线反映相关问题，公司将在1个工作日内联系客户，7个工作日内答复处理意见。

（4）供电企业在新装、换装及现场检验后应对电能计量装置加封，并请客户在工作凭证上签字。

（5）供电企业应按规程规定的周期检验或检定、轮换计费电能表，并对计量装置进行不定期检查。发现计量装置失常时，应及时查明原因并按规定处理。

（6）发现因客户责任引起的电能计量装置损坏，应礼貌地与客户分析损坏原因，由客户确认，并在工作单上签字。

（7）客户对智能电表的准确性产生疑问，并要求进行校验的，接到申请后预约客户，在客户见证下进行检测。同时承诺在受理客户计费电能表校验申请后5个工作日内出具检测结果。如果电表有问题，供电公司会根据检测结果进行有关电费退补并免费换装新表；如客户对检定结果仍有异议，可向当地政府计量行政部门申请仲裁检定。

5.1 客户需求

5.1.1 服务时效

计量服务、装表接电、故障处理等各项流程的处理时限均在客户关注范畴内，计量中心应严格按照各项业务的规定时限为客户提供计量服务。

5.1.2 服务态度

工作人员的着装、仪容、表情、精神状态、语音语调、服务主动性不仅事关计量中心的服务形象，而且也直接影响电力行业的服务形象，工作人员面对客户应热情、耐心、细致，并按照电力相关工作标准要求规范着装上岗。

5.1.3 服务行为

工作人员应熟练掌握一般礼仪规范和服务礼仪规范，按照现场工作和服务规范要求为客户提供计量服务。

5.1.4 专业能力

工作人员应努力提升自身专业水平，具备满足客户计量装置问题解决，专业咨询意见提供等技术要求。

5.1.5 知情权

客户有获知计量装置相关信息和用电安全知识的权利和愿望，工作人员应主动向客户告知后续处理流程、需准备和配合的事项等，并向客户提供计量专业指导。

5.1.6 信息透明度

客户关注表计数据和检表过程的透明度，工作人员在现场检验过程中应及时告知客户应知信息，对客户疑问进行解答，通过让客户随行跟校，并以客户体验实验室的视频设备为客户提供全程监督服务，增进客户对计量专业和工作人员的信任度。

5.1.7 安全性

客户关注计量工作操作的安全性，工作人员现场操作时应严格遵守安全规章制度，避免给自己及客户造成安全事故。

5.1.8 便捷性

客户关注计量服务流程的便捷性，计量中心通过不断评估、优化服务流程，为客户提供更加便捷的服务体验。

5.2 基础服务规范

5.2.1 仪容仪表规范

工作人员须统一着装上岗，佩戴统一编号的服务证（牌）。现场作业时，应按照规定佩戴安全帽、绝缘手套，并穿绝缘鞋。现场作业时帽子不歪戴，不随意悬挂。仪容应自然、大方、端庄，讲究个人卫生。

5.2.2 一般礼仪规范

5.2.2.1 称呼礼

用尊称向客户问候，根据客户的身份、年龄、性别冠以相应的称呼。如：师傅、同志、先生、女士、小姐、小朋友等；忌使用喂、老头儿、老太婆、伙计、哥们等称呼。

5.2.2.2 引导礼

为客人引导时，应走在客人左前方，让客人走在路中央，并适当地做些介绍；在楼梯间引路时，让客人走在右侧，引路人走在左侧；拐弯或有楼梯台阶的地方应使用手势，提醒客人"这边请"或"注意楼梯"。

5.2.3 会话沟通规范

语气诚恳、轻柔，语调平和、友好。语音清晰，语速适中（每分钟应保持在 120 个字左右）。当遇到说话慢的客户时，要降低语速；当遇到说话快的客户时，可适当提高语速。

使用标准普通话，若因客户需要可使用方言。专注有效聆听，不随意打断客户的话语，随时记录客户需求或意见。

5.3 客户异议表计处理流程

5.3.1 适用范围

适用于客户异议表计业务的受理及过程控制。

5.3.2 流程图

客户异议表计处理流程如图 5－1 所示。

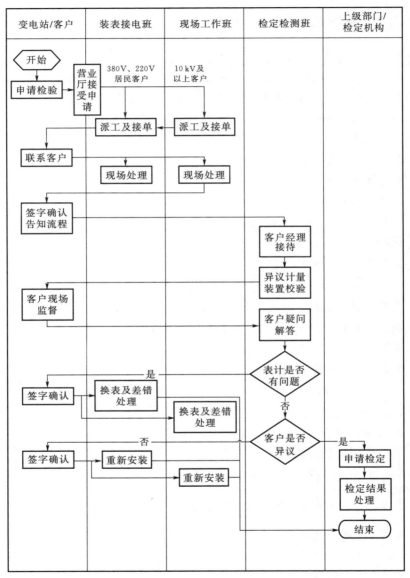

图 5-1 客户异议表计处理流程图

5.3.3　流程描述

5.3.3.1　申请检验

（1）严格履行客户申校计费电能表服务承诺。供电单位受理客户计费电能表校验申请后，应严格按照《国家电网公司供电服务"十项承诺"》要求，在5个工作日内出具检测结果。

（2）当用电客户对电能计量装置的准确性产生异议时，可通过95598、营业厅等服务渠道提出现场检验申请，抄表、用电检查等人员在工作中发现表计异常可以通过营销业务应用系统发送工单提出现场检验申请。出于政府监督管理部门和内部监管的要求，也可生成临时检验申请。

（3）95598或营业厅将申请输入系统，发送至计量专业。现场工作班负责变电站及10kV及以上高压客户计量装置的检验工作，装表接电班负责380V、220V客户计量装置的检验工作。班长将工作任务分配至各班组成员。

5.3.3.2　工作准备

（1）工作人员接收工作单后，应仔细核对客户的户名、户号、地址等基本信息。核对工作票内容与电力营销信息管理系统上的档案信息是否完全一致，如有疑问，及时对相关问题进行确认。

（2）检查现场所需工器具及必备资料，根据工作计划安排确认现场检验时间。

5.3.3.3　联系客户

（1）工作人员与客户电话联系确认现场处理时间，电话接通时先表明身份，通话过程应使用规范服务用语。操作过程如需客户配合停电，应在联系时提前告知客户，便于客户准备。

（2）当客户时间与原定计划时间有冲突时，应以客户时间为准。当联系不上客户或客户不愿配合前来时，应保留通话记录以备证明，并在工作单中予以记录。

（3）工作人员应按照约定时间准时到达客户现场，因客观原因无法按时到达，应提前告知客户，作解释说明并致歉。

5.3.3.4 现场处理

（1）现场操作应在客户陪同下进行。到达客户现场后应主动出示工作证件，使用规范用语向客户问好并确认客户身份，按照现场操作规章要求将异议表计拆下。需客户配合停电的，应使用规范用语对客户进行说明，告知客户停电范围和时间，指导客户进行停电操作。等待客户将设备全部退出验电后方可进行操作。

（2）免费为客户提供计量表计使用，记录表计的起始度数，并请客户签字确认。如客户不签字，应耐心向客户做好解释工作，争取客户的信任和理解，若客户仍拒绝签字，工作人员应将情况记录在工作单中。

（3）拆表后应主动询问客户是否跟校，如客户要求跟校，安排客户跟校时间与接待人员。将拆下的计量装置带回计量中心进行检定。客户选择不跟校的，在检定完毕后再次装表时由工作人员将书面的检定结果带给客户。

（4）离开现场前应进行现场清扫、做到"料净场地清"，整理工器具并检查是否有遗漏，并向客户礼貌告别。

5.3.3.5 客户经理接待

客户经理负责接待客户，应提前了解客户信息与计量装置情况，在客户到达时应主动迎接客户，向客户问好。核实客户姓名、客户计量装置，使用标准引导礼引导客户进入客户监督室观看计量装置校验过程。

5.3.3.6 异议计量装置校验

工作人员对异议计量装置进行现场检测，检测过程应严格按照制度要求和工序进行，不得擅自减少检测项。客户经理进行现场讲解并对客户的疑问进行解答，讲解过程应耐心细致，不得露出不耐烦的神情，回答问题应简洁准确。

5.3.3.7 检定结果确认

（1）内部确认。计量装置检定完毕后，若检定结果显示为计量装置存在问题，在客户签字确认后应为客户办理更换计量装置手续，并将误差及追退电量经客户签字确认后反馈至电费营业，办理后续手续；若检定显示为计量装置正常，向客户说明并出示检定结果，询问客户是否有异议。

（2）客户确认。当客户对检定结果予以接受、确定无异议时，在客户签字确认后，由装表接电班或现场工作班到客户现场将计量装置重新安装；若客户对检定结果存在异议不予接受时，建议客户向供电企业上级计量检定机构或有资质的计量检定机构申请检定，向客户详细说明检定的流程。

（3）工作人员应理性对待客户的异议，耐心细致地向客户进行解释，若客户情绪较为激动，应先安抚客户情绪，再告知处理办法。

5.3.3.8 检定处理

（1）客户对实验室检定结果仍有异议的，可委派专人与客户一同将电能表送本地区技术监督局指定的法定计量检定机构检定，也可由客户委托供电公司送市技术监督局指定的法定计量检定机构检定。

（2）检定结果为表计合格时，转入计量装置装拆流程由装表接电班或现场工作班到客户现场将表计重新安装，检定结果为表计不合格时，为客户更换电表重新安装，并办理电费退补等手续。流程结束。

5.4 计量装置装拆流程

5.4.1 适用范围

适用于计量装置的全寿命周期管理，包含计量装置的新装、周期检验、拆除流程的受理及过程控制。

5.4.2 流程图

计量装置装拆流程如图5-2所示。

5.4.3 流程描述

5.4.3.1 启动条件

计量装置新装和拆卸流程在以下情况时启动：

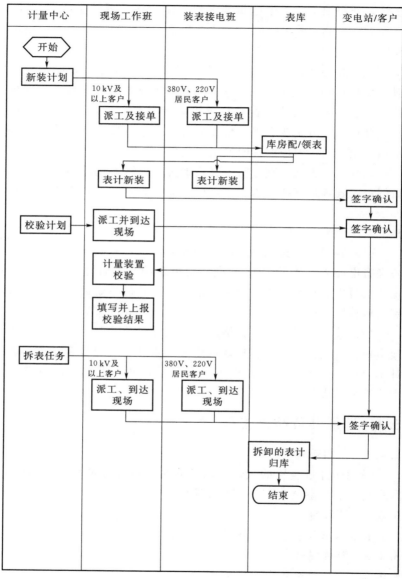

图 5-2　计量装置装拆流程图

（1）当客户办理业扩报装业务时，营业厅受理客户的用电申请，经过现场勘查、供电方案拟订、审查、答复、图纸审查、中间检查等环节，传递至计量中心，启动计量装置新装业务。

（2）当客户申请增加用电容量时，需由计量中心对表计进行更换，在其他部门对客户申请进行勘察、审核后，传递至计量中心，启动旧表计的拆表流程和新表计的新装流程。

（3）当客户向供电企业提出申请，要求减少合同约定的用电容量，需计量专业对表计进行更换，在其他部门对客户申请进行勘察、审核后，传递至计量中心，启动旧表计的拆表流程和新表计的新装流程。

（4）当客户申请计量装置的暂换与恢复业务时，计量中心为客户更换表计，启动表计的拆表与新装流程。

（5）当因客户自身的原因，在原用电地址上，改变供电电压等级时，计量中心为客户更换表计，启动表计的拆表与新装流程。

（6）当客户合同到期终止用电时，计量中心启动拆表流程。

5.4.3.2　新装计划

营销系统自动生成计量装置新装计划、现场检验计划与拆表任务，工作计划审核后按照客户类别分配至相应班长；现场工作班负责变电站、公变线路联络考核表及 10kV 及以上高压客户计量装置的新装工作和计量装置的现场检验工作，装表接电班负责380V、220V 客户计量装置的新装工作。

5.4.3.3　工作准备

（1）班长根据新装计划进行派工，将工作分配至各班组成员。

（2）工作人员接受装、拆任务，准确、全面地在电力营销信息管理系统中的"计量装置装拆工作票"上填写相关信息。接收任务时，仔细核对客户的户名、户号、地址等基本信息。核对工作票内容与电力营销信息系统上的档案信息是否完全一致，如有疑问，及时对相关问题进行确认。

（3）如需配表，根据工作票信息，提前向计量中心的表库配表，要求表计信息与工作票上表计信息完全一致。搬运计量设备时，应轻拿轻放，防止搬运过程中发生撞伤扭伤，必要时应有专人指挥或监护。如涉及其他部门联合作业，向班长汇报，并及时通知相关部门，包括作业时间、地点、人员要求、工作内容等。

（4）接受班组长的其他工作派工，现场作业人员在规定时间准时出发。

5.4.3.4　现场准备

（1）确认工作现场的安全性和可靠性，严格按《国家电网公司电力安全工作规程》规定和其他安全相关规定做好安全措施。

（2）明确责任分工，做好现场安全措施，悬挂施工单位标志、安全标志、注意监护。按工作任务单仔细核对现场信息。现场将电能计量器具编号、电能表起止示数准确抄录在装表工作票上。如需停电作业，按相关规定提前告知客户停电时间、范围，指导客户或客户电工进行停电操作。

5.4.3.5　装拆计量器具

（1）严格按《国家电网公司电力安全工作规程》规定和相关操作规定进行施工作业。施工中严禁操作客户的电气设备及装置。因工作需借用客户物品，应征得客户同意，用完需清洁后再轻轻放回原处，并向客户致谢。作业过程中注意保护物品安全，电能表应轻拿轻放。

（2）装拆作业注意事项。检修设备与运行设备前后以明显的标志隔开，附近有带电盘和带电部位时，必须设专人监护，防止走错计量间隔以及误碰带电设备造成事故。对电流互感器的相关作业时，严格遵守有关工艺规程，严防电流互感器二次开路产生高电压，以及由此造成的工作人员生命安全事故。电工工具的外壳必须可靠接地，并装有触电保护器，严防电动工具外壳漏电。严格执行作业票工作程序相关工艺规程，严禁电压回路短路接地、电流回路开路，严防电压短路或回路接地引起工作人员触电以及由此造成的人身伤害。积极采取有关措施，严防高处计量箱跌落和登梯作业滑倒。

5.4.3.6 检查复核接电

工作结束前，应仔细检查安装质量，包括接线是否正确、是否牢固等；送电前与客户进行确认，确保送电安全，送电后观察电能表计是否正常运行。检查无误后，应对电能计量装置、计量箱、柜门等进行加封，严格按"封印管理制度"使用封印。

5.4.3.7 周期检验

（1）电能计量装置现场检验应遵守下列规定。

1）计量中心应制订电能计量装置现场检验管理制度，依据现场检验周期、运行状态评价结果自动生成年、季、月度现场检验计划，并由技术管理机构审批执行。现场检验应按《电能计量装置现场检验规程》（DL/T 1664）的规定开展工作，并严格遵守《电力安全工作规程　电力线路部分》（GB 26859）及《电力安全工作规程　发电厂和变电站电气部分》（GB 26860）等相关规定。

2）现场检验用标准仪器的准确度等级至少应比被检品高两个准确度等级，其他仪表的准确度等级应不低于 0.5 级，其量限及测试功能应配置合理。电能表现场检验仪器应按规定进行实验室验证（核查）。

3）现场检验电能表应采用标准电能表法，使用测量电压、电流、相位和带有错误接线判别功能的电能表现场检验仪器，利用光电采样控制或被试表所发电信号控制开展现场检验。现场检验仪器应有数据存储和通信功能，现场检验数据宜自动上传。

4）现场检验时不允许打开电能表罩壳和现场调整电能表误差。当现场检验电能表误差超过其准确度等级值或电能表功能故障时应在 3 个工作日内处理或更换。

5）新投运或改造后的Ⅰ类、Ⅱ类、Ⅲ类电能表电能计量装置应在带负荷运行一个月内进行首次电能表现场检验。

6）运行中的电能计量装置应定期进行电能表现场检验，要求如下：

Ⅰ类电能表计量装置宜每 6 个月现场检验一次。

Ⅱ类电能表计量装置宜每 12 个月现场检验一次。

Ⅲ类电能表计量装置宜每 24 个月现场检验一次。

7）长期处于备用状态或现场检验时不满足检验条件［负荷电流低于被检表额定电流的 10％（S 级电能表为 5％）或低于标准仪器量程的标称电流 20％或功率因数低于 0.5 时］的电能表，经实际检测，不宜进行实负荷误差测定，但应填写现场检验报告，记录现场实际检测情况，可统计为实际检验数。

8）对发、供电企业内部用于电量考核、电量平衡、经济技术指标分析的电能计量装置，宜应用运行监测技术开展运行状态监测。当发生远程监测报警、电量平衡波动等异常时，应在两个工作日内安排现场检验。

9）运行中的电压互感器，其二次回路电压降引起的误差应定期检测。35kV 及以上电压互感器二次回路电压降引起的误差，宜每两年检测一次。

10）当二次回路及其负荷变动时，应及时进行现场检验。当二次回路负荷超过互感器额定二次负荷或二次回路电压降超差时应及时查明原因，并在一个月内处理。

11）运行中的电压、电流互感器应定期进行现场检验，要求如下。

高压电磁式电压、电流互感器宜每 10 年现场检验一次。

高压电容式电压互感器宜每 4 年现场检验一次。

当现场检验互感器误差超差时，应查明原因，制订更换或改造计划并尽快实施；时间不得超过下一次主设备检修完成日期。

12）运行中的低压电流互感器，宜在电能表更换时进行变比、二次回路及其负荷的检查。

13）当现场检验条件可比性较高，相邻两次现场检验数据变差大于误差限的三分之一，或误差的变化趋势持续向一个方向变化时，应加强运行监测，增加现场检验次数。

14）现场检验发现电能表或电能信息采集终端故障时，应及时进行故障鉴定和处理。

按照时间间隔和规定程序，对计量装置定期进行现场检验，根据计量装置相关规程的计量要求，制订现场检验周期计划，实施检定。

（2）现场检验应使用专用仪表或标准设备，对电能表或互感器的运行状况进行检测，并检查计量装置二次回路接线的正确性。

5.4.3.8　后续工作

（1）严格按照电能表装拆程序实施作业，新、旧电能表起止度应填写准确，并请客户或物管、社区（村委会）人员签字确认。离开现场前应进行现场清扫，做到"料清场地净"，整理工器具并检查是否有遗漏。向客户礼貌告别。

（2）拆卸下的计量装置带回计量中心归入表库，将工作票和其他现场资料信息整理、完善录入 SG186 营销业务应用系统中，流程结束。

（3）拆回电能表应在表库至少存放 1 个抄表或电费结算周期，便于客户备查或客户提出异议时进行复核。

（4）对于故障电能表，计量人员更换时，应在 1 个工作日内传递业务工作单通知电费营业中心，以保证后续电费补退工作时限。

（5）新装、更换电能表后，应现场逐一核对表后线接入电能表是否与户名、房号对应一致，避免出现电能表表后线接错造成电费纠纷。

5.5　计量装置轮换流程

5.5.1　适用范围

适用于计量装置轮换流程的过程控制。

5.5.2　流程图

计量装置轮换流程如图 5-3 所示。

5.5.3　流程描述

5.5.3.1　轮换要求

（1）要严格按照《电能计量装置技术管理规程》（DL/T 448）和《电能计量器具轮换标准化作业指导书》，开展运行中电能表

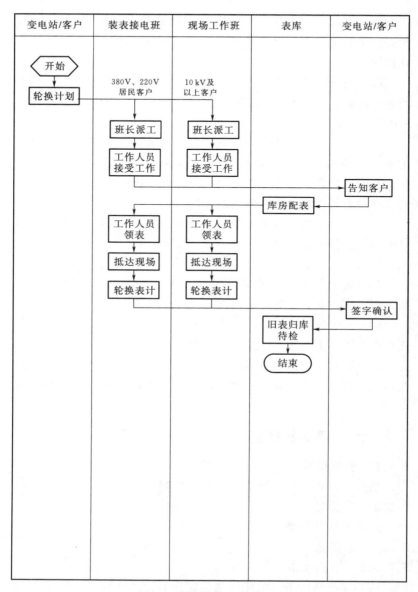

图 5-3 计量装置轮换流程图

的轮换工作，确保客户计量的准确可靠。

（2）开展电能表周期检定（轮换）现场换装的同时，做好相关配套的服务措施。

（3）轮换前应提前 7 天在小区和单元张贴告知书，在物管、社区（村委会）备案并确认，积极争取物管、社区（村委会）给予协调和宣传上的支持。

（4）严格按照电能表装拆程序实施作业，在轮换工单上对新、旧电能表起止度应填写准确，并请客户或物管、社区（村委会）人员签字确认。

（5）拆回的电能表应在表库至少存放 1 个抄表或电费结算周期，便于客户备查或客户提出异议时进行复核。

（6）轮换后，应现场逐一核对表后线接入电能表是否与户名、房号对应一致，避免出现电能表表后线接错造成电费纠纷。

5.5.3.2　轮换计划

（1）营销业务应用系统自动生成计量装置轮换工作计划，轮换工作计划经审核后按照不同客户类别分配至相应班长；现场工作班负责 10kV 及以上高压客户计量装置的轮换工作，装表接电班负责 380V、220V 客户计量装置的轮换工作。

（2）各班班长根据轮换计划和装拆申请进行派工，将工作分配至各班组成员。

5.5.3.3　工作准备

（1）现场工作班或装表接电班工作人员接受工作任务分配，仔细核对客户的户名、户号、地址等基本信息。核对工作票内容与电力营销信息系统上的档案信息是否完全一致，如有疑问，及时对相关问题进行确认。检查现场作业所需工器具及必备资料，做好出发必要准备。

（2）现场工作班在前往工作现场前应联系高压客户告知轮换计划，便于客户做好相应准备工作。电话联系时应先自我介绍表明身份，通话过程使用规范服务用语。当与客户无法取得联系或客户不配合前来时，应保留通话记录作为证据，并在工作单中予以记录。

（3）依据工作计划凭工作票到表库领表；表库管理人员应仔细核对工作票及所领表计型号、规格，为现场工作人员进行配表，在提供表计后由双方签字确认。

5.5.3.4 装置轮换

（1）现场操作应在客户陪同下。到达客户现场后应主动出示工作证件，使用规范用语与客户问好并确认客户身份。需客户配合停电的，应使用规范用语对客户进行说明，告知客户停电范围和时间，指导客户电工进行停电操作。等待客户将设备全部退出后方可进行操作。

（2）现场工作人员打开表箱，进行装置轮换工作；轮换完毕后，应对电能计量装置、计量箱、柜门等进行加封，严格按封印管理制度使用封印。新旧计量装置的信息均应登记在册，并请客户签字确认。

（3）如客户不签字，应耐心向客户做好解释工作，争取客户的信任和理解，若客户仍拒绝签字，工作人员将情况记录在工作单中。

（4）离开现场前应进行现场清扫，做到"料清场地净"，整理工器具并检查是否有遗漏。向客户礼貌告别。

5.5.3.5 后续工作

轮换完毕的旧表，归入表库待检。将工作票和其他现场资料信息整理、完善录入营销业务应用系统中，流程结束。

5.6 计量装置故障处理流程

5.6.1 适用范围

适用于计量装置故障处理流程的受理及过程控制，故障处理的作业前准备工作、工作流程图、工作程序与作业规范、报告和记录等。

5.6.2 流程图

计量装置故障处理流程如图5-4所示。

5.6.3 流程描述

5.6.3.1 故障通知

（1）客户拨打95598电话申报表计故障，95598根据客户反

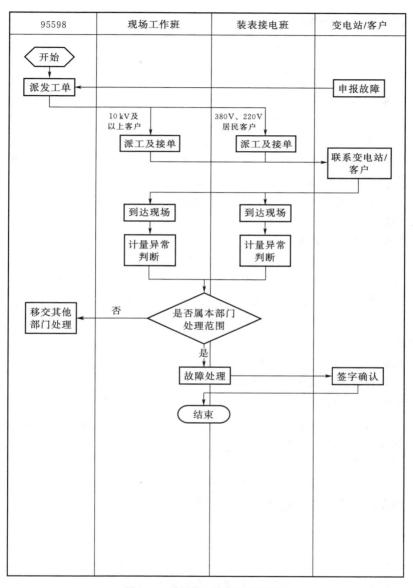

图 5-4 计量装置故障处理流程图

馈情况，生成工单，统一派发至计量中心。

（2）高压装表班负责 10kV 以上客户的计量装置故障处理工作；低压装表接电班负责 380V、220V 客户计量装置的故障处理工作。

（3）班长接收 95598、营业大厅、电话预约故障工单，分配任务至各班组成员。

5.6.3.2 工作准备

现场工作班或装表接电班工作人员接受工作任务分配，仔细核对客户的户名、户号、地址等基本信息。核对工作票内容与电力营销信息管理系统上的档案信息是否完全一致，如有疑问，及时对相关问题进行确认。检查现场作业所需工器具及必备资料，做好出发前的必要准备。

5.6.3.3 联系客户

（1）工作人员出发前联系客户，如故障通知有信息不明之处，应在电话中与客户确认。电话接通时首先表明自己身份，通话过程使用规范服务用语。当与客户无法取得联系时，应保留通话记录作为证据，并在工作单中予以记录。

（2）工作人员应在规定的时限内抵达现场：城区 45min，农村地区 90min，边远地区 2h。若因客观原因无法按时抵达现场时，应提前电话通知客户，将情况予以说明并向客户致歉。

5.6.3.4 抵达现场

现场工作人员抵达现场后向客户出示现场工作证、现场检查证等有效证件，使用规范用语向客户问好。

5.6.3.5 故障判断

电能计量装置包括各种类型电能表、计量用电压、电流互感器及其二次回路、电能计量柜（箱）等。

5.6.3.5.1 检查判断

（1）现场检查判断。严格执行《国家电网公司电力安全工作规程》作业要求，按电能表检查程序进行作业。工具配备齐全，并确保安全可靠。湿度过大时，禁止带电作业。

（2）根据工作票进行故障检查，并依据检查结果进行初步鉴定和判断。如需客户进行配合时，使用礼貌服务用语，说明需要配合的有关事项。

（3）根据故障检查结果，帮助客户详细分析故障原因，以及安全防范措施。

1）经分析检验，无故障或故障超出电力产权范围，对客户进行解释说明，并将信息记录至工作单中。

2）若存在故障但超出工作人员处理范围，移交至其他部门进行处理，并向客户解释说明后续流程。

3）若存在故障且故障在可处理范围内，应对故障进行处理。

（4）工作人员依据故障情况采取如下处理措施：

1）现场可以处理的故障直接进行故障的排除工作，处理前准确抄录电能表示数。故障排除完毕后请客户签字确认。

2）现场不能处理的故障向客户说明故障原因，告知处理流程及时限，得到客户的认可。需装拆电表的转入装拆处理流程。

3）需追（退）电量的出具追（退）电量处理意见和有关文件。在现场检查、更换计量装置以及收到检定报告后1个工作日内，完成计算更正系数，出具电量追（退）处理意见。告知客户具体电量追（退）补处理意见及后续工作流程，并请客户签字确认。

（5）若客户对签字有疑问，应向客户耐心解释，若客户仍不接受签字，工作人员将情况记录在工作票中。

5.6.3.5.2 故障核查

1. 计量柜（箱）验电、核查

（1）使用验电笔（器）对计量柜（箱）、采集器箱金属裸露部分进行验电，并检查计量柜（箱）接地是否可靠。

（2）核查计量柜（箱）外观是否正常，封印是否完好，有异常现象拍照取证后转异常处理流程。

主要危险点预防控制措施如下：

1）核查前使用验电笔（器）验明计量柜（箱）、电能表等带电情况，防止人员触电。

2）在客户设备上作业时，必须将客户设备视为带电设备。

3）严禁工作人员未经验电开启客户设备柜门或操作客户设备，严禁在未采取任何监护措施和保护措施情况下登高检查作业。

4）应将不牢固的计量柜（箱）门拆卸，检验后恢复装回，防止计量柜（箱）门跌落伤害作业人员。

5）当打开计量箱（柜）门进行检查或操作时，采取有效措施对箱（柜）门进行固定，防范由于风或触碰造成柜门异常锁闭而导致事故。

2. 核对信息

根据故障处理工作单核对客户信息、电能表铭牌参数等内容，明确故障计量装置位置。

主要危险点预防控制措施如下：

（1）核对计量装置信息时如需要登高作业，应使用合格的登高用安全工具。

（2）绝缘梯使用前检查外观、编号、检验合格标识，确认符合安全要求。

（3）登高使用绝缘梯应设置专人监护。

（4）梯子应有防滑措施，使用单梯工作时，梯子与地面的斜角在60°左右，梯子不得绑接使用，人字梯应有限制开度的措施，人在梯子上时，严禁移动梯子。

3. 计量柜（箱）核查

核查计量柜（箱）外观是否正常，封印是否完好，有异常现象拍照证后转异常处理流程。

主要危险点预防控制措施如下：

（1）核查前使用验电笔（器）验明计量柜（箱）、电能表等带电情况，防止人员触电。

（2）在客户设备上作业时，必须将客户设备视为带电设备。

（3）严禁工作人员未经验电开启客户设备柜门或操作客户设备，严禁在未采取任何监护措施和保护措施情况下登高检查作业。

（4）应将不牢固的上翻表箱门拆卸，检验后恢复装回，防止表箱门跌落伤害工作人员。

4. 电能表核查

（1）核查电能表进出线是否有破损、烧毁痕迹。

（2）核查电能表外观是否有破损、烧毁痕迹，封印是否完好，有异常现象拍照取证后转异常处理流程。

（3）核查电能表显示屏显示是否完整，有无黑屏等故障。

（4）按键核查电能表时钟、时段、电压、电流、相序、功率、功率因数等信息是否正常。本地费控电能表应核查表内剩余金额。

拆除电能表封印并做好记录，用钳形万用表测量电能表电压、电流后，具备条件的，用电能表现场校验仪核查电能表的接线，并进行误差校验，确认电能表误差是否在合格范围内。

确定故障类型，拍照取证后，直接进入故障处理流程。

主要危险点预防控制措施如下：

1）核查前使用验电笔（器）验明计量柜（箱）、电能表等带电情况，防止人员触电。

2）电能表误差校验前，应检查电能表现场校验的电压线、电流线绝缘好，无破损，根据电能表接线方式，正确接入电能表现场校验仪。

做好安全措施，防止相间或相对地短路。

5.6.3.6 后续工作

（1）现场作业完毕，工作班成员应清点个人工器具并清理现场，做到工完"料净场地清"。向客户礼貌告别，可向客户告知95598 客户服务热线，方便客户有疑问时拨打咨询。

（2）记录好电能计量装置的故障现象，履行客户签字认可手续，作为退补电量依据。将工作票和其他现场资料信息整理、完善，将故障处理信息及时录入营销业务应用系统，传递至有关主管审核，流程结束。

（3）办理工作票：

1）办理工作票终结手续。

2）运行单位人员拆除现场安全措施。

（4）报告和记录：

1）编制电能计量装置故障、差错调查报告。

2）工作票保存期限不少于 1 年。

3）故障处理工作单不少于 3 年。

4）电能计量装置故障、差错调查报告不少于 3 年。

5.6.3.7　故障处理

5.6.3.7.1　断开电源并验电

（1）核对作业间隔。

（2）使用验电笔（器）对计量（箱）金属裸露部分进行验电。

（3）确认电源进、出线方向，开关进、出线，且能观察到明显断开点。

（4）使用验电笔（器）再次进行验电，确认一次进出线等部位平均电压后，装设接地线。

主要危险点预防控制措施如下：

1）防止开关故障或用户倒送电造成人身触电。

2）断开开关后，在开关操作把手上均应悬挂"禁止合闸，有人工作！"标示牌。

5.6.3.7.2　接线故障处理

（1）故障处理前，应告知客户故障原因，并抄录电能表当前各项数据，请客户认可。

（2）更正接线时，具备停电条件的，应停电更正。不具备停电条件的，应断开负荷侧开关。

主要危险点预防控制措施如下：

1）更正接线过程中，金属裸露部分应采取绝缘措施，防止意外短路造成人员伤害。

2）更正接线后，金属裸露部分不得有碰壳和露铜现象。

3）需要停电处理时，应严格按照电力安全工作规程进行停电、验电、挂接地线 。

4）停电后，表前、后开关（刀闸）有明显断开点，否则应按照带电作业做好安全措施。

5.6.3.7.3　电能表故障处理

（1）故障处理前，应告知客户故障原因，并抄录电能表当前各项数据，请客户认可。

（2）电能表故障，按照电能计量装置装、拆作业指书装拆电能表。主要危险点预防控制措施如下：

1）工作时，应设专人监护，使用绝缘工具，站在干燥的绝缘物上。

2）装拆电能表时，断开相线金属裸露部分应采取绝缘措施，防止短路造成人员伤害。

5.6.3.7.4 带电检查

（1）现场通电检查前，应会同客户一起记录故障处理后的电能表读数，并核对。

（2）带电后，用验电笔（器）测试电能表外壳、零线桩头、接地端子、计量柜（箱），应无电压。

（3）检查电能计量装置是否已恢复正常运行状态。具备误差校验条件的，应用电能表现场校验仪进行误差校验。

5.6.3.7.5 实施封印

故障处理后，应对电能表、计量柜（箱）加封，并在故障处理工作单上记录封印编号。

5.6.3.8 人员要求

（1）经医师鉴定，无妨碍工作的病症（体格检查每两年至少一次）；身体状态、精神状态应良好。

（2）具备必要的电气知识和业务技能，且按工作性质，熟悉电力安全工作规程的相关部分，并应经考试合格。

（3）具备必要的安全生产知识，学会紧急救护法，特别要学会触电急救。

（4）熟悉本专业作业指导书，并经上岗培训、考试合格。

5.7 计量装置首次检验流程

5.7.1 适用范围

适用于计量装置首次检验的过程控制。

5.7.2 流程图

计量装置首次检验流程如图 5-5 所示。

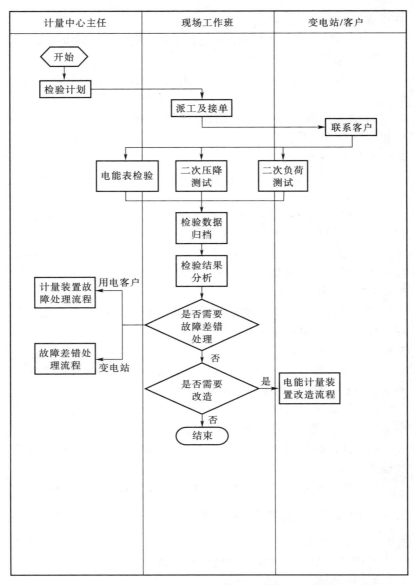

图 5-5　计量装置首次检验流程图

5.7.3 流程描述

5.7.3.1 检验计划

（1）新投运后的电能计量装置应在一个月内进行首次现场检验。营销业务应用系统自动生成计量装置首次检验计划，经中心主任审核后由现场工作班负责执行。

（2）现场工作班班长根据检验计划进行派工，将工作任务分配至班组成员。

5.7.3.2 工作准备

（1）工作人员及时接收业务工单，并做好有关记录。受理任务时，仔细核对客户的户名、户号、地址等基本信息。核对工作票内容与电力营销信息管理系统上的档案信息是否完全一致，如有疑问，及时对相关问题进行确认。

（2）检查现场所需工器具及必备资料，提前联系客户。

5.7.3.3 联系客户

（1）工作人员与客户电话联系确认现场处理时间，电话接通时先表明身份，通话过程应使用规范服务用语。

（2）当客户时间与原定计划时间有冲突时，应以客户时间为准。当联系不上客户或客户不愿配合前来时，应保留通话记录以备证明，并在工作单中予以记录。

（3）工作人员应按照约定时间准时到达客户现场，因客观原因无法按时到达，应提前告知客户，作解释说明并致歉。

5.7.3.4 首次检验

（1）工作人员到达客户现场后应主动出示工作证件，使用规范用语与客户问好并确认客户身份。当需要客户打开电能表时，工作人员应使用礼貌用语请客户配合，并在打开后向客户致谢。

（2）工作人员对计量装置进行电能表现场检验、二次压降测试、二次负荷测试，若在竣工验收中已经进行过二次压降测试和二次负荷测试，则不再检验此项。检测数据应现场记录于工作表单中，并在返回至计量中心当天录入系统，严禁后期补录或任意修改检测数据。对检验结果进行分析，分析是否需要进行故障差错处理，属于变电站故障或差错的进入故障差错处理流程，属于客户端口故障或差错的，进入计量装置故障处理流程。对于无故障差错的计量装置判断是否需要改造，需要改造的进入电能计量装置改造流程，无需改造的流程结束。

（3）首次检定时检定人员不得启封电能表罩壳厂家封印，检定合格后在保留厂家封印完好情况下，在电能表罩壳上再另加检定封锁至少两个。

（4）检定完毕出具检定证书或检定结果通知书，检验结果告知客户。

（5）离开现场前应进行现场清扫，做到"料净场地清"，整理工器具并检查是否有遗漏，并向客户礼貌告别。

5.7.3.5　后续工作

将工作票和其他现场资料信息整理、完善录入营销业务应用系统，流程结束。

5.8　计量装置差错处理流程

5.8.1　适用范围

适用于计量装置差错处理流程的受理及过程控制。

5.8.2　流程图

计量装置差错处理流程如图 5-6 所示。

5.8.3　流程描述

5.8.3.1　传递工作单

（1）相关部门向计量中心发起并传递计量装置差错工作单。

（2）各班组接收工作单并由班组长向下分配工作任务。现场工作班负责变电站及 10kV 及以上高压客户计量装置的差错处理工作，装表接电班负责 380V、220V 客户计量装置的差错处理工作。

5.8.3.2　工作准备

（1）工作人员接收工作单后，应仔细核对客户的户名、户号、地址等基本信息。核对工作票内容与电力营销信息管理系统

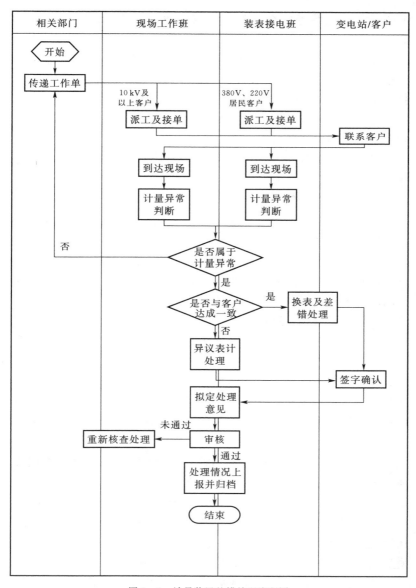

图 5-6 计量装置差错处理流程图

上的档案信息是否完全一致，如有疑问，及时对相关问题进行确认。

（2）检查现场所需工器具及必备资料，根据工作计划安排确认现场检验时间。

5.8.3.3 联系客户

（1）工作人员与客户电话联系确认现场处理时间，电话接通时先表明身份，通话过程应使用规范服务用语。

（2）当客户时间与原定计划时间有冲突时，应以客户时间为准。当联系不上客户或客户不愿配合前来时，应保留通话记录以备证明，并在工作单中予以记录。

（3）工作人员应按照约定时间准时到达客户现场，因客观原因无法按时到达，应提前告知客户，作解释说明并致歉。

5.8.3.4 异常判断

（1）工作人员到达客户现场后应主动出示工作证件，使用规范用语与客户问好并确认客户身份。

（2）对计量装置进行检测，现场检验应使用专用仪表或标准设备，对电能表或互感器的运行状况进行检测，并检查计量装置二次回路接线的正确性。

（3）判断是否存在计量异常，若不存在异常，将现场检测情况及相关数据在工作单上填写后返回至工作单发起部门，向客户解释说明后离开客户现场。若存在计量异常应就异常情况与客户进行沟通。

1）当双方意见达成一致，进行换表和差错处理时，按照法律规定执行计量装置的更换和电量的追退。

2）当双方意见无法达成一致，应转入异议表计处理流程。

3）在与客户协商过程中，工作人员需注意自己的言行举止，通话过程注意规范用语的使用，沟通过程应耐心细致，严禁用不耐烦的口气对客户说话，避免与客户发生冲突。

（4）将现场情况简要描述后记录于工作票上，请客户签字确认。如客户不签字，应耐心向客户做好解释工作，争取客户的信任和理解，若客户仍拒绝签字，工作人员将情况记录在工作单中。

（5）离开现场前应进行现场清扫，做到"料净场地清"，整理工器具并检查是否有遗漏，并向客户礼貌告别。

5.8.3.5 后续工作

将工作票和其他现场资料带回计量中心后，拟写详细的处理意见报告，由计量专责进行审核，审核通过后录入营销业务应用系统归档，审核未通过的应重新进行核查处理。流程结束。

5.9 计量装置改造流程

5.9.1 适用范围

适用于计量装置改造流程的过程控制。

5.9.2 流程图

计量装置改造流程如图 5-7 所示。

5.9.3 流程描述

5.9.3.1 改造计划

（1）营销业务应用系统根据电价变更产生的改造任务和装置评价改造信息，生成改造需求，并形成改造计划。

（2）各班长接收工作计划并进行派工。现场工作班负责变电站及 10kV 及以上高压客户计量装置的差错处理工作，装表接电班负责 380V、220V 客户计量装置的差错处理工作。各班长将工作任务分配至班组成员。

5.9.3.2 工作准备

（1）工作人员及时接收业务工单，并做好有关记录。受理任务时，仔细核对客户的户名、户号、地址等基本信息。核对工作票内容与电力营销信息管理系统上的档案信息是否完全一致，如有疑问，及时对相关问题进行确认。

（2）检查现场所需工器具及必备资料，提前联系客户，与客户确认时间，做好出发准备。

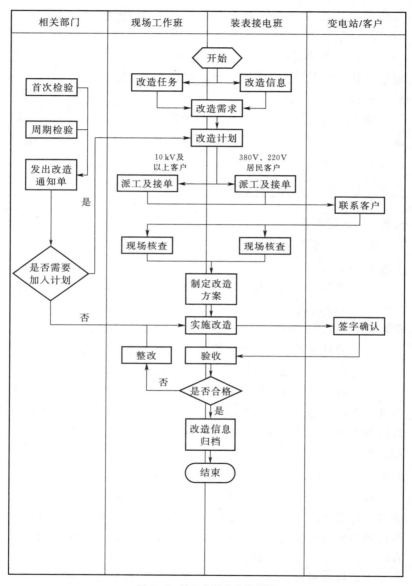

图 5-7 计量装置改造流程图

5.9.3.3 联系客户

（1）工作人员与客户电话联系确认现场处理时间，电话接通时先表明身份，通话过程应使用规范服务用语。操作过程如需客户配合停电，应在联系时提前告知客户，便于客户准备。

（2）当客户时间与原定计划时间有冲突时，应以客户时间为准。当联系不上客户或客户不愿配合前来时，应保留通话记录以备证明，并在工作单中予以记录。

（3）工作人员应按照约定时间准时到达客户现场，因客观原因无法按时到达，应提前告知客户，作解释说明并致歉。

5.9.3.4 装置改造

（1）工作人员到达客户现场后应主动出示工作证件，使用规范用语与客户问好并确认客户身份。

（2）工作人员核查现场情况，根据实际情况制定改造方案并实施改造。改造过程中涉及需停电操作时，应使用规范用语对客户进行说明，告知客户停电范围和时间，指导客户电工进行停电操作。等待客户将设备全部退出后方可进行操作。

（3）改造完成后记录计量装置的初始数据或参数，请客户签字确认，如客户不签字，应耐心向客户做好解释工作，争取客户的信任和理解，若客户仍拒绝签字，工作人员将情况记录在工作单中。

（4）改造工作进行验收，验收合格的将改造信息予以归档，流程结束，验收不合格的应重新予以整改。

（5）对于首次检验和周期检验产生的改造通知单，判断是否需要加入改进计划中，加入改进计划的依据流程予以处理，无需加入改进计划的直接实施改造。

（6）离开现场前应进行现场清扫，做到"料净场地清"，整理工器具并检查是否有遗漏，并向客户礼貌告别。

5.9.3.5 后续工作

将工作票和其他现场资料信息整理、完善录入营销系统。流程结束。

5.10 电能采集装置新装与改造流程

5.10.1 适用范围

适用于电能采集装置新装与改造流程的过程控制。

5.10.2 流程图

电能采集装置新装与改造流程如图 5-8 所示。

5.10.3 流程描述

5.10.3.1 新装、改造计划

营销业务应用系统生成电能采集装置新装/改造计划，计划审核后分配至电能采集班班长；电能采集班班长将装置新装/改造任务分配给电能采集工作人员。

5.10.3.2 工作准备

（1）电能采集工作人员接收工作任务分配，仔细核对客户的户名、户号、地址等基本信息。检查现场作业所需工器具及必备资料，做好出发必要准备。

（2）依据工作计划到表库领取电能采集装置；表库管理人员应仔细核对所领装置型号，为电能采集工作人员进行配置，在提供配置后由双方签字确认。

5.10.3.3 新装改造

（1）电能采集工作人员到达客户现场后应主动出示工作证件，使用规范用语与客户问好并确认客户身份。

（2）应根据工作计划内容再次核对客户信息、装置信息，与客户就新装/改造期间停电时间进行协调，待客户将客户方设备完全退出后再进行操作。

（3）在协调的时间内进行电能采集装置的新装/改造，结束后进行装置调试，调试没问题后应请客户签字确认，若客户对签字有疑问，应向客户耐心解释，若客户仍不接受签字，工作人员应将情况予以记录。

（4）离开现场前应进行现场清扫，做到"料净场地清"，整理工器具并检查是否有遗漏，并向客户礼貌告别。

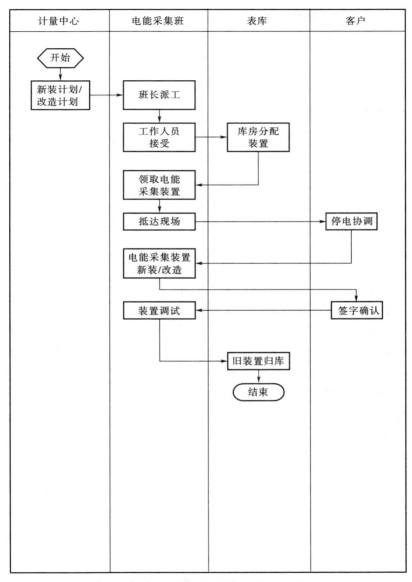

图 5 - 8　电能采集装置新装与改造流程图

5. 10. 3. 4　后续工作

电能采集装置改造后替换下的旧装置，归入表库。将现场资料信息整理、完善，录入营销业务应用系统，流程结束。

5. 11　用电信息采集系统运行与维护流程

5. 11. 1　适用范围

适用于用电信息采集系统的运行与维护，所指的采集系统运行维护对象主要包括：采集系统主站软硬件、通信信道、采集终端和电能表。

5. 11. 2　流程图

有关流程如图 5-9～图 5-14 所示。

5. 11. 3　流程描述

5. 11. 3. 1　运行与维护工单派发

每日监控本单位采集任务执行情况及采集成功率指标，分析采集失败原因，派发工单并跟踪处理情况。

5. 11. 3. 2　工作准备

（1）电能采集工作人员接收工作任务分配，仔细核对客户的户名、户号、地址等基本信息。检查现场作业所需工器具及必备资料，做好出发前的必要准备。

（2）依据工作计划到表库领取电能采集装置；表库管理人员应仔细核对所领装置型号，为电能采集工作人员进行配置，在提供配置后由双方签字确认。

（3）运行与维护电能采集工作人员到达客户现场后应主动出示工作证件，使用规范用语与客户问好并确认客户身份。

（4）应根据工作计划内容再次核对客户信息、装置信息，与客户就新装/改造期间停电时间进行协调，待客户将客户方设备完全退出后再进行操作。

（5）在协调的时间内进行电能采集装置的运行与维护，结束后进行装置调试，调试无问题后应请客户签字确认，若客户对签字有疑问，应向客户耐心解释，若客户仍不接受签字，工作人员

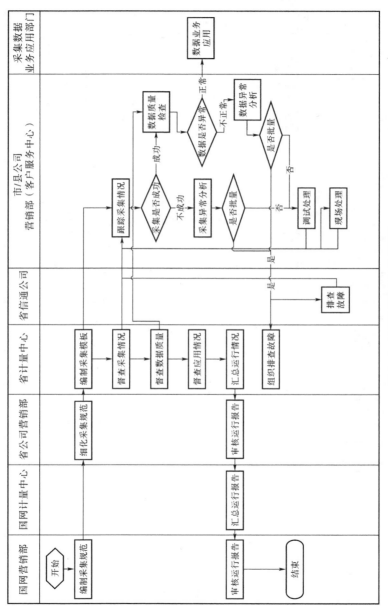

图 5 - 9 采集系统运行监控流程图

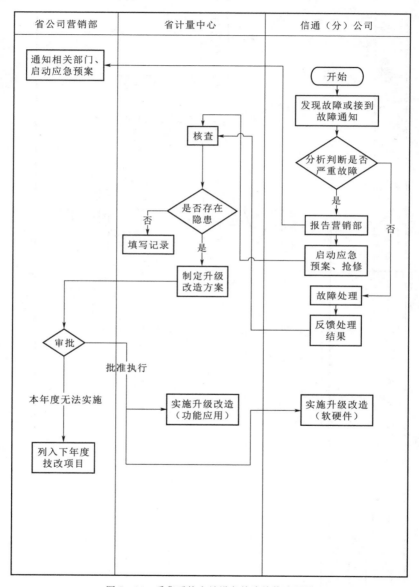

图 5－10　采集系统主站设备故障检修流程图

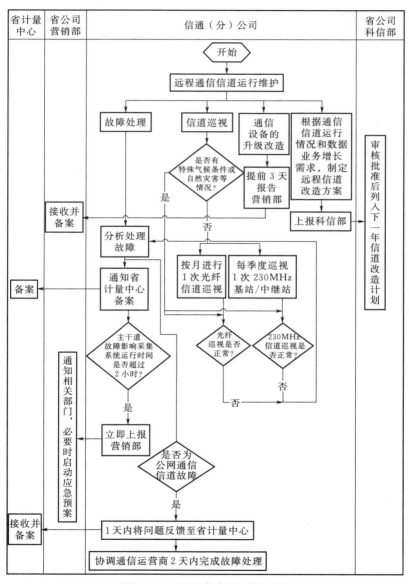

图 5-11 远程通信信道运维流程图

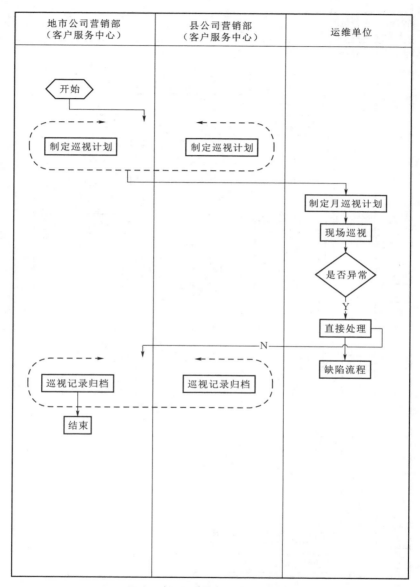

图 5-12　采集设备巡视管理流程图

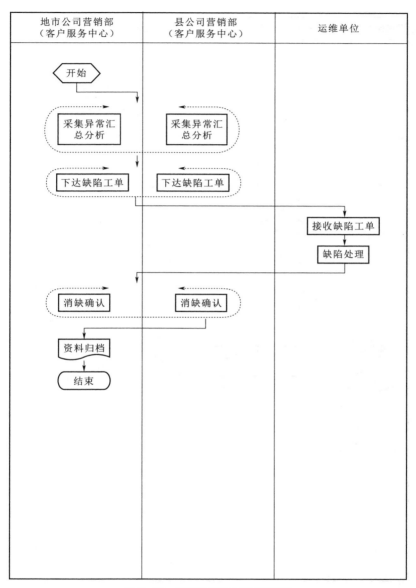

图 5-13 采集设备消缺管理流程图

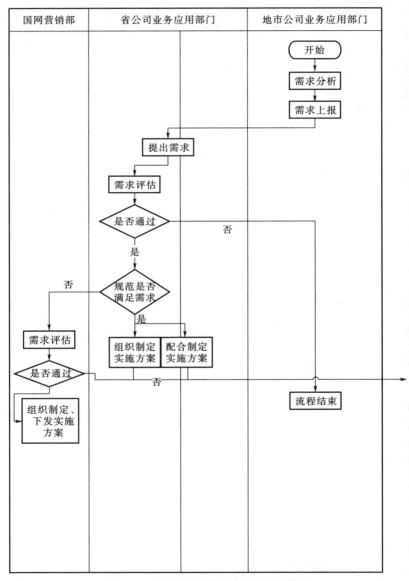

图 5-14 采集系统新增应用需求管理流程图

应将情况予以记录。

（6）离开现场前应进行现场清扫，做到"料净场地清"，整理工器具并检查是否有遗漏。向客户礼貌告别。

5.11.3.3 后续工作

电能采集装置运行与维护替换下的旧装置，归入表库。将现场资料信息进行整理，并完善录入营销业务应用系统，流程结束。

6　服务管理标准化

6.1　准备管理

6.1.1　上岗准备

（1）工作人员应统一着装，佩戴工号牌，对办公环境进行整理和清洁，面带微笑，准时上岗。

（2）接受班长业务派工，及时查看、处理营销业务应用系统中的电子工单，根据工作计划，拟定当日工作安排。

6.1.2　出发准备

（1）检查现场工作必备工器具、工作表单、工作证件和相关资料是否遗漏，保证工器具性能或状态良好可用。

（2）整理工装，保持仪容、仪表整洁大方，携带安全帽，穿绝缘鞋，并按规定时间准时出发。

6.2　现场管理

6.2.1　到达现场

（1）按与客户预约的时间到达现场，无法按时抵达时，要提前告知客户，主动向客户致歉并说明原因。

（2）到达客户单位或居民小区门卫处时：机动车提前减速，注意避让行人，停稳后主动向门卫问好，主动向有关人员出示证件，表明身份，说明来意。

（3）车辆进入客户单位或居民小区后，须减速慢行，注意车辆停放位置，禁鸣喇叭。

（4）进入客户现场，主动出示工作证件，礼貌问好并进行自我介绍。根据工作要求，再次详细告知需要客户配合的相关事项。

（5）如需进入客户室内工作时，先按门铃或轻轻敲门；向客户主动问好，出示工作证件，说明来意，尊重客户习俗和卫生习惯，穿上鞋套征得客户同意后，方可进入。

（6）与客户交谈时礼貌得体，使用文明服务用语，语调诚恳亲切，吐字清晰，语速适中。

6.2.2　现场作业

（1）现场工作人员实施现场工作时，不得少于2人。

（2）现场工作人员必须遵守相关岗位制度规定，依法开展工作。

（3）现场工作中，讲究文明言行、遵守礼仪和风俗习惯，态度和蔼可亲。

（4）根据有关作业内容，严格执行《国家电网公司电力安全工作规程》规定，遵守相关法律法规和作业标准。按要求对作业现场情况进行全面、准确而详细的核实。工作负责人落实作业任务分工，做好现场安全监护，将作业危险点和控制措施予以详尽的交代，必要时，组织全体作业人员结合现场实际认真学习有关作业安全技术组织措施。确保落实安全组织措施和技术措施的实施。

（5）作业过程如客户询问有关事项，要耐心倾听，并准确详细地答复，不能答复时，向客户致歉后，引导或联系其至相关部门解答。作业过程中不得要求客户参与作业过程。

（6）现场工作发现或发生异常情况及时向班长报告。

（7）工作中损坏了客户的设施，征询客户意见后修复或等价赔偿。

（8）在现场作业过程中，如客户情绪激动，应先安抚情绪，不得与客户发生争执，并耐心细致地解答客户所关心的问题。

6.2.3　现场巡检

工作人员应熟悉设备性能，了解其使用和运行情况，对计量设备进行定期巡检确保计量装置运行可靠，防止窃电现象发生。

6.3 安全管理

6.3.1 基础安全

计量中心应按规定配置安防、监控设置和应急电源，并按规定明确任务，落实责任，逐级签订安全责任书，按照谁主管谁负责的原则，真正将安全工作落到实处。班组应按照规定的时间、次数开展安全日活动。

6.3.2 人员安全

（1）工作人员上岗时应精神饱满、注意力集中，不疲劳作业，若身体不适无法胜任工作时，应立即向现场监护人员或班长报告。

（2）工作人员应经过相应的检定技能培训，经技能鉴定合格取得相应资质后方可上岗。

（3）现场工作前应对照"现场工作准备清单"核查现场工作所需工器具的准备情况，避免遗忘工器具情况的发生，从细节上消除现场工作由于安全工器具不完善而造成的安全隐患。

（4）作业前应检查工作现场环境是否具备安全作业条件，并将安全措施规范到位，规避风险点。作业过程应严格安全工器具管理规定佩戴安全帽、安全带、绝缘手套，并穿绝缘鞋。

6.3.3 信息安全

（1）班组定期学习各项信息安全管理规定，提高信息安全保护意识，严格遵守中心的各项保密制度。

（2）妥善保管中心的各类资料和统计数据，严禁复制、摘抄、收发、传递和外出携带。当此类文件无需继续保留时，应集中后加以妥善处理。

（3）做好数据的备份并妥善保存备份介质，加强对移动存储设备的管理，重要信息资料严禁用私人移动存储设备拷贝、移动。

6.4 应急管理

6.4.1 公司级应急事件管理

计量中心应学习并熟悉公司应急预案，当发生大面积停电事件、因恶劣气候或灾害引发的大批量故障事件、电网安全稳定事故、电力设施大范围受损抢修等公司级应急事件时，伴随着应急预案的启动，计量中心应立即进入应急状态。按照对故障的初步分析，准备好工器具和备品备件，迅速集结并赶往工作现场，了解故障情况，快速排除隐患。作业前，抢修人员应按照公司现场作业要求，召开"现场安全会"，进行工作前的安全交底，做到工作任务明确、操作方法明确、安全和质量要求明确。其余人员留守中心待命，做好后勤保障工作。所有人员必须 24 小时开机并保持畅通。

突发事件处置结束后，计量中心应针对自身工作情况，总结应急处置过程中的经验和教训，提升自身应急能力。

6.4.2 部门级应急事件管理

（1）当出现系统、应用程序故障，影响范围大，且修复需要 24 小时以上时，应立即通知系统维护人员进行处理，并通知中心主任，在故障期间所完成的工作应手工记录，各班长对记录检查审核，待系统恢复时立即录入系统。

（2）当计量中心发生火灾时，应保持沉着冷静。若火势较小，应立即切断电源，使用灭火设备进行扑救，并立刻向中心主任汇报。若火势无法扑灭，应立即拨打 119 火警电话求助，在保证人身安全的情况下转移易燃物品，保护贵重物品降低损失，迅速撤离至安全区域，向公司领导汇报情况。

（3）当发生地震等自然灾害时，工作人员应以生命安全为第一宗旨，立即疏散至安全区域。

（4）当工作人员在工作现场突发疾病时，应对人员实施紧急抢救，并立即拨打 120 急救电话，通知工作人员家属。

（5）当工作现场设备发生故障，应立即停止使用，并切断电源。

（6）客户投诉应急管理：当遇到客户投诉时，应安抚客户情绪，立即将客户引导至单独区域，避免扩大影响。详细询问客户投诉事项，以事实和法律为依据，以维护客户的合法权益和保护国有财产不受侵犯为原则，无论责任归于何方，都应积极、热情、认真处理，不得在处理过程中发生内部推诿、搪塞或敷衍了事的情况并保护投诉人信息。

6.5 展示管理

6.5.1 准备工作

（1）成立接待筹备小组，指定一名筹备小组负责人。

（2）根据参观需要，指定人员负责迎接、引导、讲解稿修订、大屏幕显示内容修订、讲解、拍摄等工作。

（3）对环境、设施进行检查，确保环境整洁明亮，各种设施处于正常使用状态。

6.5.2 迎接规范

当来宾到达计量中心门口时，迎接人员要微笑问候，使用标准站姿，行30°鞠躬礼，使用标准引导手势引导来宾进入计量中心。使用规范服务用语，例如："欢迎光临××供电公司计量中心参观指导工作。"

6.5.3 引导与讲解规范

（1）引导员面带微笑，用标准手势在来宾前侧方进行引导。

（2）讲解员在来宾正前方或者左侧讲解，讲解时要面向来宾，面带微笑、目光平视、站姿标准，根据来宾的不同需求热情讲解和介绍。

（3）定点讲解时间以3～5min为宜，走动讲解时间可以适当增加。

6.5.4 送别规范

当来宾参观访问完毕，准备离开计量中心时，相关接待人员应微笑欢送。

6.6 质量管理

6.6.1 质量监督评价指标

6.6.1.1 过程品质监督评价指标

（1）电能计量装置故障处理率。

（2）故障报修到达现场及时率。

（3）计量故障差错率。

（4）装表接电及时率。

（5）表计轮换及时率。

6.6.1.2 人员品质监督评价指标

（1）现场服务人员的仪容仪表。

（2）现场服务人员的服务行为。

（3）现场服务人员的业务能力。

（4）现场服务人员的服务态度。

（5）现场服务人员的沟通能力。

6.6.1.3 结果品质监督评价指标

（1）客户投诉情况。

（2）客户满意度。

6.6.2 质量监督

6.6.2.1 客户回访

在涉及现场服务的服务流程结束后，由95598抽取一定比例对客户进行回访，了解客户的服务期望、服务感知和建议，回访结果应予以记录，与工作单共同存档。

6.6.2.2 服务稽查

利用稽查系统对服务进行检查，检查结果作为服务改进的重要依据。

6.6.2.3 第三方满意度调查

依照规定开展周期性的第三方满意度调查，通过外部力量调查客户对计量服务的感知情况，计量专业提供客户样本，并对调查过程进行跟踪。

6.6.3 质量改进

计量中心应建立服务质量持续改进机制，设立专人负责服务质量的短板分析、改进措施制定、改进跟踪等工作。通过服务质量管理指标的阶段性对比检验改进效果，调整改进措施，并将行之有效的措施予以固化，形成常态。

6.7 评价管理

6.7.1 评价内容

计量中心评价内容包括：规范化服务、规范化管理。规范化服务评价应达到服务类指标要求，规范化管理评价应涵盖本规范所列各项计量中心管理的内容。

6.7.2 评价原则

（1）综合考评原则：对计量中心环境建设、服务功能、客户服务、服务环境、现场管理、后台管理工作进行综合评价。

（2）动态管理原则：实行动态星级管理，定期复查，实现服务和管理工作的持续改进。

6.7.3 评价指标

（1）服务行为规范：文明用语、仪容仪表、行为举止。

（2）工作环境规范：形象标识、规范整洁、环境卫生、服务设施。

（3）服务质量：现场服务、时限要求、施工质量、业务能力、服务流程、现场安全管理。

（4）服务形象：劳动纪律、承诺兑现、十个不准、政策执行、媒体曝光。

（5）运营管理：功能分区、环境建设、设施配置、制度建设、记录管理、创新。

6.7.4 评价方法

设置各项指标的权重比，满分为 100 分。将星级评价分为五个星级：星级评价综合考核得分在 95 分以上，零投诉、零举报者评定为"优胜"，授予"五星级计量中心"；星级评价综合考核得分在 90 分及以上的，授予"四星级计量中心"；星级评价综合考核得分在 80 分及以上不满 90 分的，授予"三星级计量中心"；星级评价综合考核得分在 60 分以上的不满 80 分成绩评定为"合格"，不再授予"星级单位"称号；星级评价综合考核得分在 60 分以下成绩评定为"不合格"。

7 计量服务咨询、管控及协同处理

（1）加强电能计量相关咨询和反映的管控。应加强 95598 客服人员、故障报修人员对智能电能表功能、使用、购电的知识和技能培训，及时准确解答并协调处理客户的问题。

（2）建立智能电能表相关咨询和反映的快速处理机制。接到 95598 或其他渠道的咨询或反映时，应立即联系客户进行现场核查，尤其针对换表不告知、底度不确认、接线串户、电量突增等投诉内容，当日答复，在 3 日内完成处理，避免因解答不准确或核查处理不及时造成客户重复投诉和事件升级。

（3）加强计量基础信息和基础业务的监控分析。利用用电信息采集系统事件监控功能加强电能表状态监测，发现问题立即处理；定期统计分析 95598 业务信息，尽早发现可能引发投诉或举报的问题。

（4）建立计量舆情快速协同处理机制。各单位应高度关注社会媒体和网络平台上的新闻报道和舆论反响，发现舆情立即启动应急预案，按照公司计量相关舆情事件调查处理工作规定，第一时间沟通、疏导、处理，防范舆情炒作引起恶劣影响。

8 计量装置类服务应答用语

1. 家里没有住人为什么有度数？

家用电器在待机状态下也会消耗电量，请您在家中无人时，将总电源开关断开。

2. 断开家里的负荷开关，发现电表仍然转动，为什么？

断开负荷侧开关，电表仍然转动，有如下几种可能：

（1）表后线接反。

（2）表计故障。

（3）有人窃电。

（4）线路有漏电现象。

（5）表计错位等。

如果认为是表计失准问题，请您携带您的有效证件及相关手续到营业大厅办理校表手续。

3. 我家电表上次走到 9934，这次又变成 1180，电表是不是坏了？

电表显示屏示数如果是四位数，电表走到 9999 时会归零，重新开始计量，不是电表故障。

4. 我的电表停走了，你们让我补交了 1000kW·h 的电量，你们有什么规定？

根据《供电营业规则》第八十条第 3 款规定其他非人为原因致使计量记录不准时，以用户正常月份的用电量为基准，退补电量，退补时间按抄表记录确定。

5. 我们这换新表了，电量比以前高了，是不是新电表走的快呀？

智能电表灵敏度高、精准度高、能感应到小电流。只要有负荷产生，电能表就能准确计量。当将长时间运行的机械式电表换成智能电表时，由于机械式电表长时间运行后磨损，容易出现比标准精度"走慢"现象，换表后计量相比之前要精确，给用户造成多计量的错觉，但这种情况的电费绝不会大幅度增加。

6. 我们这有一栋楼，近几个月总表电量与分表电量总是对不上，损耗达到了 40% 以上，这是怎么回事？

总表和分表电量对不上一般有几种情况：第一种是总表不准，第二种是分表不准，第三种是总表和分表之间线路较长，损耗较大，第四种是个别分表用户有窃电行为，第五种是总表与分表抄表时间不一致。如果您认为总表计量不准，可到营业大厅申请校验。

7. 我去营业厅申请校表，但是你们让我先把电费交了，那电表要是有问题，我交了这么多电费怎么办？

根据《供电营业规则》第七十九条规定：客户认为供电公司装设的计费电能表不准时，有权向供电公司提出校验申请，在客户办理手续后，供电公司尽快检验，并将检验结果通知客户。如果电能表的误差超过允许范围时，按照规定退补电量。客户对检验结果有异议时，可向供电公司上级计量鉴定机构申请鉴定。客户在申请验表前，其电费仍应按期交纳。验表结果确认后，再行退补电费。（目前供电公司对客户电能表进行免费检定，不再收取验表费）

8. 我家电表前一个月烧坏了，刚在大厅办理的赔表，现在你们轮换电表，我觉得我自己掏钱买的电表应该给我，或者退钱，对吗？

根据《供电营业规则》电表的产权归属于供电公司，除供电企业责任或是不可抗力造成的表计损坏，均需要客户进行赔偿。（引自《供电营业规则》第七十七条规定）

9. 我家停电了可能是电表烧了，你们可否派人来看一下？

我们安排工作人员到现场核实处理。如果确属电表烧坏了，您需要到营业厅办理相关手续。

10. 轮换电表为什么需要提前通知？

按照国家电网公司的规定，换装电表前，供电企业将提前 3

个工作日公示，预先告知所涉及用户；换装工作要求按照严格规范的流程操作。

更换电表时，如用户在家则请用户确认旧表底数，若用户不在家，要求以其他方式通知其电表底数或请居委会签字确认。

11. 轮换电表时不在家，不知道表计底数，怎么办？

根据《供电服务规范》第二十一条第一款的规定，轮换电表客户不在家，无法向客户确认表计底数，要求以其他方式通知其电表底数或请居委会签字确认；供电企业拆回的电表至少存放 30 天，以便用户提出异议时进行复核。同时，也可以在系统中为您查询表计底数信息。

12. 用户这个月新换的电表，如何计算本月电量？

工作人员更换电表时，会记录好旧表上的电量走数，减去您上月旧表的表底数，再加上新表的走数，就是您本月的用电量。

13. 如何理解电能表的容量？

电能表的容量是以电表允许通过的安全电流表示，如某电能表主要额定参数是：220V，5（60）A，表示电能表的额定电压为 220V，基本电流为 5A，最大额定电流为 60A。使用负荷如果超过电能表的最大额定电流，电能表可能会烧坏，甚至导致火灾。在这种情况下，应及时办理增容。

14. 客户反映电表红灯经常亮，怀疑电表走得快，有道理吗？

电能表红灯闪烁并不是闪一次即为 $1kW \cdot h$ 电，例如，新式的单相智能费控电能表常数 $1200imp/（kW \cdot h）$，即电脉冲灯闪 1200 次为 $1kW \cdot h$ 电。如果红灯闪烁，说明您正在用电，红灯闪烁的慢表示用电量小，红灯闪烁的快即表示您家中用电量较大。当红灯亮时停止用电，红灯会停留在静止常亮状态，不再闪烁；反之在灯灭时停止用电，红灯会停留在灭的状态。这表示电表计量正常。

15. 客户反映电能表显示屏常亮，显示 Error - 004，是什么原因？

这是因为电能表内部电池电量不足，但不影响计量。如您有需要，我们会通知工作人员进行现场核实处理。

16. 客户反映电表黄灯经常亮，是什么原因？

黄灯为欠费停电指示灯，如您家中电表黄灯频亮，请及时缴纳电费。缴费成功后请换个时间段再次核查黄灯是否依然频亮，如闪，请拨打95598。

17. 用电量大小与电能表是多少安有什么关系？

用电量的大小与电能表多少安没有关系。例如：220V，5（60）A，标示的5A称为基本电流，60A为电能表的额定最大电流，提示用户使用时不能超过该值，在最大电流范围内使用是安全的，但却与用户用电量多少无关。

18. 电表黑屏原因是什么？

这是因为电能表内部电池电量不足，但不影响计量。我们会尽快安排工作人员预约用户至现场核查，如确是表计问题，将予以更换。

19. 感觉自家的电表走得不准，该如何申请校对或换表？

如果用户对智能电表的准确性产生疑问，可以通过拨打95598电话、登陆95598智能互动服务网站、到营业厅登记等方式申请电表校验，接到申请后工作人员会预约用户，并可在用户见证下进行检测，同时承诺在受理客户计费电能表校验申请后5个工作日内出具检测结果。如果电表有问题，供电公司会根据检测结果进行有关电费退补并免费换装新表。

20. 对表计检定结果仍有疑问，如何处理？

如用户对检定结果仍有异议，可有供电公司工作人员陪同，到当地政府计量行政部门申请仲裁检定。

21. 电表产权归属取决于什么？

电表的产权归属取决于电表换装工程的投资主体，如果工程为供电部门投资则电表的产权属于供电企业。

22. 智能电表换装的必要性是什么？

智能电表具有大容量数据存储和自动抄表功能，可以有效支撑阶梯电价、分时电价对计算电量电费的要求；通过自动远程抄表和信息传送功能可以有效降低人工抄表差错，避免出现多缴费现象，增强与客户用电信息互动，让客户用电更透明，用电更放心。

23. 怀疑与邻居家电能表接反，如何处理？

我们会尽快安排工作人员预约用户至现场核查，经核实确为表后线接错，会及时向用户进行电费退补。

24. 换为智能表后，电表走快了，费用更高了，怀疑电表不准，两种电表有区别吗？

智能电表与普通电表比较：智能电表在计算电量的功能和性能方面与普通电表是一致的，都是严格遵循国家标准制造的。主要区别是它比普通电表增加了数据通信、安全密钥、数据冻结和存储、电表状态自检等，适应阶梯电价管理的相关功能。

25. 电子表与机械表有什么区别？

从计量方式及测量结果来讲并没有什么区别。但在内部结构上就有根本性区别，一个叫静止式（或电子式），一个叫感应式（或机械式）易磨损。感应式表顾名思义是利用电磁感应原理制造而成。静止式表是根据电能测量原理利用电子电路来实现计量，并确保其准确性，误差较小。

从性能上比较，机械表因为驱动力矩大不容易出现完全停走现象，电子表则往往会出现卡字现象，就是只发脉冲不计数；除此之外，电子表的其他性能都优于机械表，电子表具有功能强大、误差特性好、过载能力强电压适应范围宽、运行维护简单等特点，减少客户的用电故障。

26. 为什么现在都在用电子表？

迄今为止感应式（机械式）电能表已使用了较长的年限（100 年），随着电力事业的发展和电力自动化技术的提高，其功能已越来越受到限制，更不能满足如自动抄表，负荷控制和分时计量等近年来发展起来的新技术的需要，这样一来，电子式电能表就应运而生，为客户提供更快捷、更便利的用电服务。

27. 为什么实行居民集中抄表？

我们国家为了提高居民用电水平，投巨资进行了"两网"改造，实现了城乡居民用电一户一表制，搞好优质服务，使抄表及时准确又不扰民，提高对居民用电的现代化管理水平。因此在居民较集中的新村安装了集中抄表系统。

28. 电子表比机械表快吗？

首先应该这样说，电子表比机械表准。这也是符合买卖公平原则的，以维护国家利益。为什么说是准的呢？这是因为电子表与机械表的结构不同所决定的，机械表由于转动引起的机械磨损和振动引起的机械变形，很容易造成误差超差。电子表不像机械表有转盘，也就没有机械磨损，因此它的误差特性较好，从轻负载到最大负载的误差曲线基本是平直的，比较容易控制误差，准确度比机械表高，从准确度等级比较电子表是 1 级，机械表是 2 级，即电子表的计量误差是控制在 $\pm 1\%$ 之内的。

29. 什么是自动抄表？

根据采集任务的要求，自动采集系统内电力用户电能表的数据，获得电费结算所需的用电计量数据和其他信息。

30. 电表数据如何实现采集？

采集终端按照设定的抄表日或定时采集时间间隔对电表数据进行采集、存储，终端记录的电表数据，与所连接的电表显示的相应数据一致。

31. 客户需打开表箱，该如何处理？

客户不可随意打开计量表箱，如有需求（如开封等），可联系供电公司。

（1）不停电：无论新式表箱还是老式塑料组合电表箱，客户均可根据需要自行打开出线室门，但工作结束后要将其门关闭。

（2）停电：客户处理内部故障，不需开启表箱进线室和电表室，客户自行直接断开自家电表前空气开关即可处理，如表前无开关无法停电时需要打开进线室或电表室门可拨打 95598 进行报修单处理，由供电部门派维修工作人员处理。

注意：高层住宅小区电表井/电井房的打开、封闭属物业产权维护范围，请客户联系物业打开电表井/电井房。

32. 供电公司的铅封为什么不能去掉？有什么作用？

铅封是利用一种特定专用的标志来显示不准乱动或有人动后就不可复原的一种方法。这主要是对电表的精度起到证明和保证的作用。如果去掉，供电公司有权怀疑你的电能表有做过手脚的嫌疑，需要对你的电能表进行检定。

33. 光伏发电电表如何配置？

第一种对于自发自用余电上网的客户，需要安装两块表，其中一块表计量上下网电量，主要用于跟供电公司进行电费结算，一块表计量光伏发电电量，主要用于光伏发电的有关政策性补贴的结算。

第二种对于全额上网的光伏发电站，安装一块关口电能表计算客户的上下网电量。

34. 总表、分表业务的受理原则是什么？

总表、分表业务受理原则按电能表的资产归属区分：

（1）资产属供电公司的电能表，相关营业业务（如：验表）可在供电营业厅办理。

（2）资产属客户的电能表，由于分表资产不属于供电公司，所以相关事项不在供电公司的受理范围。

35. 客户咨询办理验表手续，但电表资产属于客户，如何处理？

由于电能表资产属客户，所以分表的购置、安装、校验等相关事项均不属供电公司受理范围，应请客户自行联系有资质的单位进行校验处理。

由于电能表资产属客户，所以不在供电公司受理范围。

如您需要验表，请去市质量技术监督局计量检测中心办理验表手续。

36. 分表用户咨询电能表使用时间过长如何更换？想换一个新电表，是否需要通过你们供电公司呢？

此情况分为两种，一种为当您的电费不是直接缴到供电公司的时候（如物业或者总表户主），该情况电能表属于客户资产，分表用户换电能表是不需要通过供电公司的，可以购买一只符合国家有关规定的电能表，自行找电工更换。

如果您的电费是直接缴到供电公司，该情况属于供电公司资产，供电公司的分表在安装后会在营销业务系统中自动生成安装时间和轮换时间，一般根据计量装置类型划分，时间不等但不会超过电能表使用寿命周期，到时间供电公司就会有装表接电人员换表，无需用户支付任何费用，只需在电能表轮换时与工作人员交接即可。

37. 智能表的平均寿命是多少？

在正常工作条件下，居民用单相智能表的寿命为 8 年。

38. 电表上 RXD 和 TXD 灯同时亮，为什么

电表上面的 RXD 和 TXD 红绿灯是电表的接收信号灯和发射信号灯。RXD、TXD 属于数据通信，RXD 表示接收数据，TXD 表示发送数据。一般情况下两个灯是轮流闪亮，当两个灯同时常亮时，表示采集模块出现故障，我们会联系工作人员现场核查并处理。

39. 居民用单相智能电能表循环显示的内容是什么？

单相（居民用户）智能电能表每屏显示时间为 5s，循环显示当前有功总电量、当前有功峰电量、当前有功谷电量。因不同批次的电表不同，电表屏幕显示也不同，我们可以安排距近的工作人员根据您实际使用的电表给您解释。

40. 三相智能电能表的规格与用电容量有什么关系？

对于三相低压电源供电客户根据客户申请用电容量配置相应的计量电能表规格，对新装客户电能表规格至少配置 5（60）A；分相最大负荷电流大于 60A 时应经低压电流互感器计量，电能表电流规格为 1.5（6）A。

41. 安装智能电能表有什么好处？

智能电能表有四大好处，具体如下：

（1）节省电费开支：用户可充分利用峰、谷电价的差异自主定制用电方案，做到用相同的电，花最少的钱。

（2）消费自主透明。用户在自家电表上就可以查询当前电表底数，计算正常抄表周期电量，轻松掌握用电信息，做到明明白白消费。

（3）停电后恢复迅速。可以实现远程停送电功能；快速恢复送电，提供更好的用电保障。

（4）有效防止电表故障。通过智能电能表的远程信息传送功能，电力工作人员可以实时监控电表工作状态，及时发现电表故障，避免给用户带来损失，保障用电安全。

附录 A 计量现场施工质量工艺规范

1 总 则

1.1 为确保电能计量、用电信息采集的准确性和可靠性，落实电能计量装置、采集系统建设质量管理要求，提升计量装置、用电信息采集终端及其附属设备的现场安装质量和工艺水平，特制定本规范。

1.2 本规范规定了计量箱（柜）、电能表、互感器、用电信息采集终端、试验接线盒等设备及连接导线的现场施工质量、工艺要求。

1.3 本规范适用于国家电网公司系统计量现场施工质量、工艺过程控制和检查验收。

2 计量现场施工一般要求

2.1 计量现场施工应遵守 Q/GDW 1799 的规定。

2.2 计量现场应按照计量箱（柜）安装（检查）、箱（柜）内设备安装、导线敷设、设备连接、检查、封印的顺序进行施工。

2.3 计量装置、采集终端配置应满足 GB/T 16934、DL/T 448、Q/GDW 347、Q/GDW 11008 及其他现行相关标准要求。

2.4 施工前应对设备外观进行检查。设备外观应满足以下要求：

2.4.1 设备外观完整、无破损、变形现象。

2.4.2 计量箱（柜）应有永固铭牌、有电气原理接线图、条码等必要信息；各类信息正确、字迹清晰，无缺失或脱落可能，如图 1 所示。

2.4.3 设备资产号、型号、规格应与任务单、图纸一致。

2.4.4 强制检定的计量器具封印应齐全、合格证应在有效期内、计量准确度等级应符合 DL/T 448 规定的要求。

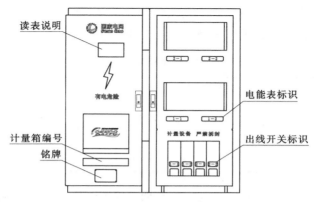

图 1 计量箱外壳标识安装位置示意图

2.5 施工后应满足如下要求：

2.5.1 接线正确、电气连接可靠、接触良好。

2.5.2 安装牢固、整齐、美观。

2.5.3 导线无损伤、绝缘良好、留有余度。

3 设 备 施 工 要 求

3.1 安装前（后）应重点检查计量箱（柜）下列项目：

3.1.1 柜内供电与用户两部分的区分、隔离防护应符合规定，柜门、铅封设施及防误操作安全联锁装置应完备、好用。

3.1.2 各单元之间宜以隔板或以箱（盒）组件区分和隔离。

3.1.3 计量柜计量单元应有足够空间安装电能表、电能信息采集终端、试验接线盒及信号接线盒、天线等设备，并配置电能表、采集终端安装支架。

3.1.4 计量箱应预留集中抄表终端、信号接线盒、天线等设备安装位置，金属计量箱应具有屏蔽电缆接地装置。

3.1.5 观察窗完好，正视时应能看到电能表、采集终端等运行情况。

3.1.6 安装完工后，门不应有水平及垂直方向晃动、变形现象，开闭应灵活，开启角度大于 90°；孔洞、空隙应用防火材料（防火泥、防火板）严密封堵。

3.1.7 内部电气安全距离允许最小值应符合表1要求。

表 1　　　　　　电气安全距离允许最小值表

检查项目	额定电压/kV		
	6	10	35
相间/mm	100	125	300
各相对门及侧板/mm	130	155	400
各相对网门或对封板/mm	200	225	500

3.2　计量柜应与其他电气柜同步安装，应符合下列要求：

3.2.1　计量柜应安装在变（配）电室，可靠固定在基础型钢上。

3.2.2　计量柜安装间距应满足 GB 50053—2013 要求，见表2。

表 2　　　　　高压配电室内各种通道的最小宽度表

开关柜布置方式	柜后维护通道	柜前操作通道	
		固定式开关柜	移动式开关柜
单排布置/mm	800	1500	单手车长度+1200
双排面对面布置/mm	800	2000	双手车长度+900
双排背对背布置/mm	1000	1500	单手车长度+1200

3.2.3　计量柜的安装允许偏差应满足 GB 50171—2012 要求，见表3。

表 3　　　　　　　盘、柜安装的允许偏差表

项　　目		允许偏差/mm
垂直度/（mm·m⁻¹）		1.5
水平偏差	相邻两盘顶部	2
	成列盘顶部	5
盘面偏差	相邻两盘边	1
	成列盘面	5
盘间接缝		2

3.2.4 计量柜内观察和检修用的照明灯具应完好，亮度满足要求。

3.3 根据安装环境不同，计量箱可采用壁挂式明装、嵌入式预埋安装、落地式安装、杆式安装。计量箱体的固定应满足以下要求：

3.3.1 高层住宅及有电气室环境宜采用壁挂式明装；公共场地及楼道墙体安装，宜采用嵌入式预埋安装方式，并应采取相应措施减少墙体对箱体的压力。

3.3.2 壁挂式安装计量箱可采用膨胀螺栓固定在墙上，但空心砖或砌块墙上要预埋燕尾螺栓或采用对拉螺栓进行固定。

3.3.3 嵌入式安装计量箱可采用膨胀螺丝固定安装，安装位置正确，部件齐全，进出线开孔与预埋导管管径适配，关闭状态下箱盖与墙面在同一平面，箱体封闭性良好。

3.3.4 落地式计量箱应布置在稳固基础上，箱体应用螺栓与基础进行紧固，箱体的垂直度允许偏差为 1.5‰，水平度允许偏差 1.5‰。

3.3.5 电杆安装计量箱应采用与箱体适配的悬臂支撑附件或抱箍牢固固定。

3.3.6 安装后箱体无变形、凹凸不平，金属计量箱涂层应无明显的脱层、划痕等缺陷。

3.4 计量箱的安装位置应满足以下要求：

3.4.1 分散的单户住宅计量箱宜设置在门外或院墙外侧。

3.4.2 集中住宅用户计量箱宜设置在电气间、竖井、楼道墙体或户外地面。

3.4.3 安装后箱体与采暖管、煤气管道距离不小于 300mm，与给、排水管道距离不小于 200mm；与门、窗框边或洞口边缘距离不小于 400mm。

3.5 在保证安全的条件下，安装后箱体与地面距离应符合以下要求：

3.5.1 最高观察窗中心线及门锁距地面高度应不超过 1.8m。

3.5.2 独立式单表位计量箱、单排排列箱组式计量箱下沿距地面高度不小于 1.4m。

3.5.3　多表位计量箱下沿距地面高度不小于 0.8m，当用于地下建筑物时（如车库、人防工程等）则不应小于 1.0m。

3.6　互感器的安装应满足以下要求：

3.6.1　计量用电压互感器应接在电流互感器电源侧，互感器二次接线端子应具有防窃电功能。

3.6.2　电能计量专用电压、电流互感器或专用二次绕组及其二次回路不得接入与电能计量无关的设备。

3.6.3　互感器安装位置应便于检查及更换，空间距离、安全距离满足要求，安装应平整牢固，一次接线应电气连接可靠、接触良好，铭牌应便于观察。

3.6.4　互感器用螺栓应配有平垫圈和弹簧垫圈，固定在支架上，并能紧固螺栓，如图 2、图 3 所示。

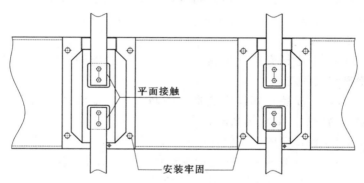

图 2　高压电流互感器安装示意图

3.6.5　母排式电流互感器用专用支架固定在母排上，穿心式电流互感器应用螺栓安装在固定底板上，穿心母线宜采用搭接式安装，如图 4 所示，母线搭接应满足 GB 50149—2010 相关要求，安装底板应满足 Q/GDW 572 中相应互感器外形尺寸的配合要求，不得使用扎带、导线等材料缠绕、悬挂互感器。

3.6.6　三相组合互感器电流互感器一次绕组 P1 端接电源侧，不得反接。

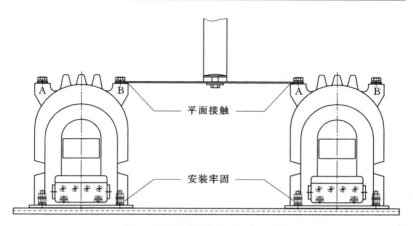

图 3 电压互感器安装、连接示意图

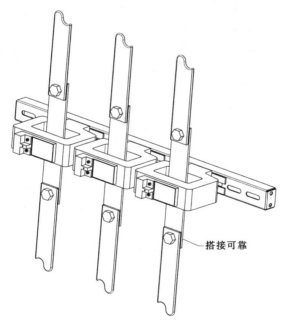

图 4 穿心式电流互感器安装图

3.6.7　安装在计量柜（箱）外的互感器一次侧金属裸露部分应加装绝缘防护罩。

3.7　电能表的安装应满足以下要求：

3.7.1　电能表、采集终端应安装在电能计量柜（箱）中，电能表应在采集终端上方或左方，其显示屏应与表箱观察窗对准，便于抄表读数与检查。

3.7.2　室内电能表、采集终端宜装在距地面 800～1800mm（设备水平中心线）的高度。

3.7.3　三相电能表、采集终端之间的水平距离不应小于 80mm；电能表、采集终端与试验接线盒之间的垂直距离不应小于 40mm；电能表、采集终端、试验接线盒与壳体的距离不应小于 60mm；单相电能表之间的距离应不小于 30mm。

3.7.4　平行排列的电能表、采集终端端钮盒盖下沿应齐平。

3.7.5　电能表、采集终端应牢固、垂直安装，挂表螺丝和定位螺丝均应拧紧，中心线向各方向的倾斜不大于 1°。

3.7.6　多表位表箱内预留表位的导线裸露部分应采取绝缘措施，并断开对应开关。

3.7.7　费控电能表还应符合下列要求：

3.7.7.1　内置负荷开关的电能表在安装前应使用仪表检查电流回路通断情况；同一相（或中性线）电流端子之间开路的电能表不得安装。

3.7.7.2　外置负荷开关的电能表跳合闸输出端子应接相线（断路器分励或保持线圈为 AC220V），跳合闸控制线应有保护和封闭措施。

3.7.7.3　远程费控外置负荷开关应为用户负荷侧开关，以保证采集、充值、复电工作正常进行。

3.7.7.4　本地费控电能表电卡插座应与插卡孔对准。

3.8　采集终端的安装应满足以下要求：

3.8.1　安装前应检查电池、通信模块、SIM 卡安装正确、牢固，天线等附件是否齐全。

3.8.2　采集终端本体应安装在计量箱（柜）或采集专用箱（柜）内，并符合 3.7 的规定。

3.8.3　交流采样回路宜设置独立的试验接线盒。

3.8.4　安装在 6～110kV 侧的专变采集终端电压、电流回路宜接入电压、电流互感器非计量用二次绕组。

3.8.5　安装在 0.4kV 侧的专变采集终端电压回路接入低压母线，电流回路宜接入测量用互感器二次绕组。

3.8.6　集中抄表终端电源应取自电能表电源侧，不得从电能表接线端子引出；Ⅰ型集中器电源端子与电网 U、V、W、N 线对应连接。

3.8.7　同一计量箱（柜）内 RS-485 通信线可直接连接；不同计量箱（柜）RS-485 通信线、控制线应通过端子排连接，采集终端控制输出触点所接回路功率应小于触点分断能力。

3.8.8　天线安装应满足终端信号要求，馈线与天线应可靠旋紧，安装在计量箱（柜）外的馈线应穿管保护，馈线、保护管敷设应符合 4.4 的规定。

3.8.9　230MHz 终端天线支撑杆应采用热镀锌螺丝垂直固定，必要时应加拉线固定；天线与支撑杆的固定应成 90°，对准基站方向，前方应无遮挡物，接收场强应能达到 18dB 以上，高速终端应达到 22dB 以上。

3.9　试验接线盒的安装应满足以下要求：

3.9.1　经互感器接入式的电能表，应独立装设具有封闭、防窃电、防误接线措施的电能计量试验接线盒。

3.9.2　试验接线盒应水平安装，固定牢固，电压连接片开口向上，试验接线盒的端子标志应清晰正确。

3.9.3　试验接线盒与周围物体之间的距离应满足 3.7.3 的要求。

3.9.4　试验接线盒安装后所有接线端子应拧紧，断开的电流连接片应有明显断开点。

3.10　断路器的安装应满足以下要求：

3.10.1　断路器宜垂直安装在底板上，倾斜角度不大于 5°，安装应平稳、牢固、可靠，不应有附加的机械应力。

3.10.2 断路器的安装应满足电气间隙和爬电距离。

3.10.3 断路器上端应接电源进线，下端应接负载出线。

3.10.4 断路器进、出线端各相间应加装隔弧板进行防护。

3.10.5 设有接地螺栓的断路器应可靠接地。

3.10.6 微型断路器宜安装在 TH35 型安装导轨上，同一导轨安装多个微型断路器应紧密、整齐。

3.10.7 现场粘贴的设备标签应满足以下要求：

3.10.8 设备标签应按接线图进行编写，字迹清晰工整且不易褪色。

3.10.9 设备标签应贴在设备本身或附近易于观察的位置上，同一单元中设备标签与设备的相对位置应一致，并粘贴平整、美观。

3.11 计量现场施工中导线的编号应满足以下要求：

3.11.1 试验接线盒与电能表的连接导线两端宜有导线编号；母线与试验接线盒、互感器与试验接线盒的连接导线两端应有导线编号。

3.11.2 导线编号应按安装接线图采用相对编号法进行编写；对于没有安装接线图的计量装置，可根据 Q/GDW347 要求，采用回路编号法编写；做到字迹清晰、整齐且不易褪色。

3.11.3 导线编号管直径应与导线直径相配合；计量柜同一单元的导线编号管长度应基本一致，其长度宜为 20mm±2mm。

3.11.4 导线编号管应套在导线两端的绝缘层上，字符方向应与视图标示方向一致；水平放置时，字符应从左到右排列，同列的应上下对齐；垂直放置时，字符应从上到下排列，同排的应左右对齐。

3.12 计量现场施工中设备的封印应满足以下要求：

3.12.1 电流互感器与电压互感器接线端子、电能表与采集终端、试验接线盒须装设封印，计量箱（柜）柜中可关合、打开后可以操作计量装置的门、电压互感器一次隔离开关操作机构应装设封印。

3.12.2 现场封印颜色应符合表 4 的要求。

表 4   **封印颜色配置表**

封印类型	使用环节	封印颜色
现场封印	安装维护	黄
	现场检验	蓝
	用电检查	红

3.12.3 每一个加封螺钉（加封孔）装设一颗封印，施封后尾线应修剪适当。

3.12.4 对施封后的穿线式封印的封线环扣施加任意方向的 60N 拉力，封线应无拉断及被拉出现象，锁扣要保证在任何情况下都不能被无损坏的拉出，破坏后不可恢复；卡扣封印在不被破坏的情况下不应被拉出。

3.12.5 施封后封印编码应清晰、完整、方便读取。

4 导线敷设要求

4.1 计量回路导线的选择应满足以下要求：

4.1.1 计量回路导线截面应按允许载流量选择，并满足机械强度和电压降的要求。

4.1.2 计量二次回路的连接导线应采用铜质单芯绝缘线。对电流二次回路，连接导线截面积应按电流互感器的额定二次负荷计算确定，至少应不小于 $4mm^2$；对电压二次回路，连接导线截面积应按允许的电压降计算确定，至少应不小于 $2.5mm^2$。

4.1.3 直接接入式电能表采用铜质绝缘导线，导线的截面依据额定的正常负荷电流按表 5 选择。

4.1.4 二次回路导线外皮颜色宜采用：U 相为黄色；V 相为绿色；W 相为红色；中性线（N）为蓝色或黑色；接地线为黄绿双色。

4.1.5 引入计量柜（箱）的计量二次回路应采用铠装电缆，并敷设在专用电缆架上，避免交叉、缠绕等。

表 5 绝缘铜芯导线截面表

负荷电流/A	绝缘铜芯导线截面/mm²
$I<20$	4.0（单芯）
$20\leqslant I<40$	6.0（单芯）
$40\leqslant I<60$	10.0（多芯绞线）
$60\leqslant I<80$	16.0（多芯绞线）
$80\leqslant I<100$	25.0（多芯绞线）

注：计算负荷电流为 60A 以上时，宜采用经电流互感器接入电能表的接线方式。

4.2 通信线、控制线的选择应满足以下要求：

4.2.1 通信导线选择应满足机械强度、抗干扰和电压降的要求。电能表和采集终端之间的 RS－485 端口连接导线应采用分色双绞线，导线截面积为 0.5mm² 及以上，计量箱之间 RS－485 通信线应采用屏蔽线，并单点接地。距离较长控制回路导线宜采用铠装电缆，截面应不小于 1.5mm²，信号回路导线截面应不小于 0.5mm²。

4.2.2 230MHz 通信天线馈线所需长度超过 50m 时，应使用低损耗馈线，应选择每 1000m 损耗不大于 50dBmV 的低损耗同轴电缆。

4.3 计量箱（柜）内导线的敷设应满足以下要求：

4.3.1 导线敷设应做到横平竖直、均匀、整齐、牢固、美观，导线转弯处留一定弧度，并做到导线无损伤、无接头、绝缘良好。

4.3.2 导线敷设时可按相、线色、粗细、回路（电压电流）进行分层，尽量避免交叉。

4.3.3 三相三线接线方式电流互感器的二次绕组与试验接线盒之间应采用四线连接；三相四线接线方式电流互感器的二次绕组与试验接线盒之间应采用六线连接。

4.3.4 试验接线盒至互感器、计量箱内等导线较长时，应优先敷设在导管、电缆管槽（盒）和电缆托盘中，否则应沿柜体框架敷设。电能表、采集终端至试验接线盒等导线较短时可明敷。

4.3.5 沿柜体框架敷设的导线在敷设前应先绑扎成束，扎束应符合下列规定。

4.3.6　导线应采用扎带扎成线束，扎带尾线应齐根修剪平整。

4.3.7　电压、电流回路导线排列顺序应正相序，黄（U）、绿（V）、红（W）色导线按自左向右或自上向下顺序排列。

4.3.8　扎束时须把每根导线拉直，直线放外挡，转弯处的导线放里挡。

4.3.9　导线转弯应均匀，转弯弧度不得小于线径的 6 倍，禁止导线绝缘出现破损现象。

4.3.10　扎束时，捆扎带之间的距离：直线为 100～150mm，转弯处为转弯处为 30～50mm，如图 5 所示。

4.3.11　线束应用塑料线夹或捆扎带固定在柜体框架上，线束固定点之间的距离横向不超过 300mm，纵向不超过 400mm，如图 5 所示。

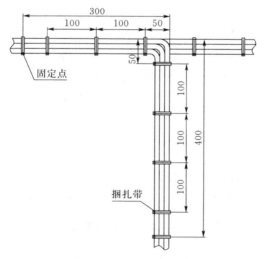

图 5　导线扎束、敷设示意图（单位：mm）

4.3.12　多户表箱内电能表电源侧导线和负荷侧导线应分别布置，不得混合。

4.3.13 箱（柜）内导线在穿越金属板孔时，应在金属板孔上配置与孔径一致的橡胶保护圈。

4.3.14 计量箱（柜）内进线、出线应尽量同方向靠近，尽量减小电磁场对电能表产生影响。

4.4 计量箱（柜）外导线的敷设应满足以下要求：

4.4.1 计量箱（柜）、采集箱之间的导线敷设应满足 GB/T 16895.6—2014 的要求，可采用穿管、线槽、钢索、利用弱电井等敷设方式。

4.4.2 沿建筑物、构筑物敷设的管线应固定（绑扎）牢固，在进入建筑物前应有防水弯头（或滴水弯头）。

4.4.3 导线穿墙时应套瓷管、钢管或塑料管进行保护，进出计量箱（柜）时，应有做好密封和防止绝缘磨损的措施。

4.4.4 硬母排进出计量柜处应装设绝缘穿墙套管；电缆在计量柜柜底出线处应装设电缆固定夹和密封橡皮圈。

4.4.5 进出计量箱的管保护，管口距接触面不应小于 10mm。

4.4.6 穿墙保护管应内高外低，保护管在墙外的露出部分金属管不小于 150mm，塑料管不小于 100mm。

4.4.7 保护管中导线截面之和应不超过保护管截面积的 40%；采用钢管时，同一回路导线应敷设在同一钢管内，且管的两端应套护圈；金属管壁厚不小于 2.5mm，塑料管壁厚不小于 2mm。

4.4.8 导线在保护管内不得有打圈、接头和绞扭的现象，不应受外力的挤压和损伤，进入箱内导线应留有余量。

5 设 备 连 接 要 求

5.1 设备连接件的处理上应满足以下要求：

5.1.1 导线与电器设备接线端子、母排连接时，应根据导线结构及搭接对象分别处理，所有螺钉必须拧紧，铜、铝连接时应采取铜铝过渡措施。

5.1.2　单股导线与电器设备接线端子、母排的接触式螺钉连接时，导线端剥去绝缘层弯成压接圈后进行连接；压接圈的形状如图 6 所示，其弯曲方向必须与螺栓拧紧方向一致，导线绝缘层不得压入垫圈内；螺钉（或螺帽）与导线间、导线与导线间应加垫片，压接端头可视作垫片。

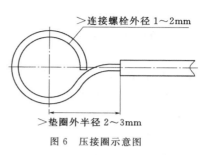

＞连接螺栓外径 1～2mm

＞垫圈外半径 2～3mm

图 6　压接圈示意图

5.1.3　单股导线与电器设备插入式接线端子连接时，如导线直径小于接线端子孔径较多，应将导线端剥去绝缘层折叠成双股再插入接线端子；插入的导线不得有露铜现象，紧固件不得压在导线绝缘层上。

5.1.4　多股导线与电器设备插入式接线端子连接时，如遇导线直径大于接线端子孔径时，可采用断股后再接入接线端子的方式，断股后导线应满足表 5 要求。

5.1.5　多股导线与电器设备接线端子、母排连接时，线端导体应压接与导线截面、连接螺栓相匹配的铜质压接端头。

5.1.6　按实际需要截取导线，导线端剥去绝缘层后放入铜质压接端头压接部位，使用相应的冷压压接钳钳口挤压成形。

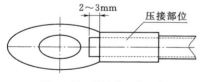

2～3mm

压接部位

图 7　铜压接端头压接示意图

5.1.7　当导线露出压接部位时，线头应平整，外露不超过 2～3mm，如图 7 所示。

5.1.8　压接钳压接的范围为铜质压接端头压接部位，不允许将导线绝缘层压入端头内；一次导线所用铜质压接端头压接部位应做好绝缘措施。

5.2　电器设备连接上应满足以下要求：

5.2.1　计量箱（柜）内各设备应能单独装拆、更换且不应影响其他电器及导线束的固定。

5.2.2 导线应尽量避免交叉，不得将导线穿入闭合测量回路中影响测量的准确性。

5.2.3 电流互感器接入的三相四线计量装置，其电压引入线应单独接入，不得与电流线共用，应在电流互感器电源侧母线上另行引出，且电压引入线与电流互感器一次电源应同时切合。当另行引出困难时，在不影响母联连接牢固的情况下可在母线连接处增加紧固件引出，如图 8 所示，但不得与母线共用紧固件，如图 9 所示。

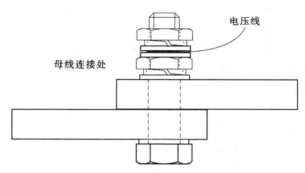

图 8　母线连接处电压线正确连接示意图

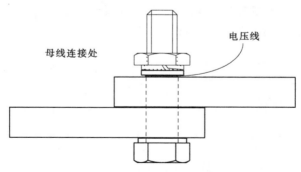

图 9　母线连接处电压线错误连接示意图

5.2.4 互感器连接的二次导线应留有余地，如图 10、图 11所示。

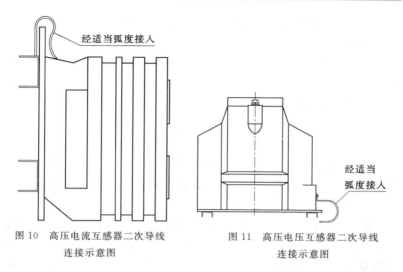

图 10　高压电流互感器二次导线　　　图 11　高压电压互感器二次导线
　　　　　连接示意图　　　　　　　　　　　　　连接示意图

5.2.5　电能表、采集终端的电压、电流回路必须一个接线孔连接一根导线，强弱电隔离板齐全。

5.2.6　导线和电能表、采集终端、试验接线盒的端子连接时，剥去绝缘部分，导体部分不能有整圈伤痕，其长度宜不超过 20mm；螺栓拧紧后导体部分应有两个压痕点，不得有导体外露、压绝缘现象。

5.2.7　与电能表、试验接线盒、终端连接的导线应留有余地，如图 12 所示。

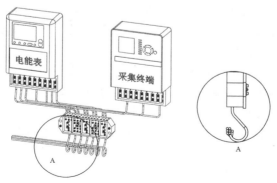

图 12　三相四线电能表、试验接线盒连接示意图

5.2.8　电能表、采集终端与试验接线盒的连接导线，如有必要可用扎带绑扎整齐。

5.2.9　接入单相电能表的中性线应剪断接入；接入低压三相四线能表的中性线应从中性线排（N排）上T接，不得将中性线剪断后接入电能表。

6　接地要求

6.1　金属计量柜（箱）外壳、接地母线、PE接地点应采用编织铜线或多股铜芯黄绿双色导线可靠接地，双色导线截面不小于 $16mm^2$。

6.2　计量箱（柜）带有器具的金属盘面和装有器具的门及电器的金属外壳均应有明显可靠的PE保护地线（PE线为黄绿相间的双色线也可采用编织软探铜线），但PE保护地线不允许利用箱体或盒体串接。明敷的裸导线不小于 $4mm^2$、绝缘导线不小于 $1.5mm^2$。

6.3　高压互感器底座、外壳宜采用截面不小于 $16mm^2$ 多股铜芯黄绿双色导线接地，二次回路接地宜采用 $4mm^2$ 多股铜芯黄绿双色线，低压电流互感器在金属板接地电阻不大于 $4Ω$ 的条件下，允许互感器底座不再另行接地。

6.4　电压互感器及高压电流互感器二次回路均应只有一处可靠接地。高压电流互感器应将互感器二次 S2 端与外壳直接接地，星形接线电压互感器应在中心点处接地，V－V接线电压互感器在V相接地。

6.5　多绕组的电流互感器应将剩余绕组可靠短路并接地，多抽头的电流互感器不得将剩余的端钮短路或接地。

6.6　互感器的接地线应与计量柜接地母线相连，当接地线较多时，可将不超过6根的接地线一同压入一个接线端子，且应与接地铜排可靠连接。电流互感器二次回路中性点应分别一点接地，且不得与其他回路接地线同压在同一接线端子内。

6.7　金属外壳的电能表、采集终端应装在非金属板上，外壳必须接地。

7　附　录

7.1　本规范涉及的术语和定义如下：

7.2　计量现场施工：计量箱（柜）、电能表、互感器、试验接线盒、采集终端的安装及其导线敷设、连接等现场作业。

7.3　计量柜：0.4kV 以上专用柜型式的电能计量装置。

7.4　计量箱：用于 0.4kV 及以下低压电能计量的箱型成套装置。

7.5　计量单元：用以完成电能计量及数据传输等功能的所有电气、机械设备及部件的组合。

7.6　用电信息采集终端：对各信息采集点用电信息采集的设备，简称采集终端。可以实现电能表数据的采集、数据管理、数据双向传输以及转发或执行控制命令的设备。用电信息采集终端按应用场所分为专变采集终端、集中抄表终端（包括集中器、采集器）、分布式能源监控终端等类型。

7.7　试验接线盒：用以进行现场检验或轮换时，不影响计量单元各电气设备正常工作的专用部件。

附录 B　电能计量故障、差错调查处理规定

第一章　总　　则

第一条　为加强国家电网公司（以下简称"公司"）系统电能计量工作质量监督管理，规范电能计量故障、差错调查处理程序，确保电能计量装置安全运行和电能计量准确可靠，依据国家有关法律、法规和行业相关标准，结合《国家电网公司安全事故调查规程》等管理制度，制定本规定。

第二条　电能计量故障、差错的调查处理必须以事实为依据，坚持"实事求是、尊重科学、公正合理"的原则，做到故障（差错）原因未查清不放过、责任人员未处理不放过、整改措施未落实不放过、有关人员未受到教育不放过（简称"四不放过"）。

第三条　本规定适用于公司总（分）部、各单位及所属各级单位与用户贸易结算电能计量故障、差错的调查与处理。公司系统各级关口和企业内部经济技术指标考核的电能计量故障、差错调查处理可参照执行。

第二章　职　责　分　工

第四条　国网营销部主要职责

（一）负责公司系统电能计量故障、差错的调查处理归口管理工作；

（二）负责组织制定公司电能计量故障、差错管理办法；

（三）负责组织管辖范围内电能计量故障、差错的调查处理；

（四）负责对省（自治区、直辖市）公司（以下简称"省公司"）电能计量故障、差错调查处理工作进行监督和评价。

第五条　国网计量中心主要职责

（一）负责对省公司电能计量故障、差错调查处理工作提供技术支持与指导；

（二）参与公司系统电能计量装置重大质量问题调查和技术诊断。

第六条　省公司营销部主要职责

（一）负责管辖范围内的电能计量故障、差错的调查处理归口管理工作；

（二）负责组织管辖范围内电能计量故障、差错的调查处理与报表上报；

（三）负责对所属各级单位电能计量故障、差错调查处理工作进行监督和评价。

第七条　省公司计量中心主要职责

（一）参与省公司管辖范围内重要用户电能计量故障、差错的分析与处理；

（二）协助省公司营销部开展电能计量装置故障、差错调查处理的监督和检查；

（三）为地市（区、州）供电公司（以下简称"地市供电企业"）、县（市、区）供电公司（以下简称"县供电企业"）电能计量故障、差错调查处理提供技术支撑。

第八条　地市、县供电企业营销部（客户服务中心）主要职责

（一）负责管辖范围内电能计量故障、差错的调查处理；

（二）负责按类别及时上报电能计量故障、差错。

第三章　电能计量故障、差错分类

第九条　电能计量故障、差错分为设备故障和人为差错两大类。按其性质、差错电量、经济损失及造成的影响大小，设备故

障分为重大设备故障、一般设备故障、障碍；人为差错分为重大人为差错、一般人为差错、轻微人为差错。

第十条 设备故障

（一）重大设备故障

由于电能计量设备质量原因造成下列情况之一者：

1. 设备损坏直接经济损失每次 10 万元及以上；

2. 电量损失每次 30 万千瓦时及以上；

3. 差错电量每次 1500 万千瓦时及以上。

（二）一般设备故障

未构成重大设备故障，符合下列情况之一者定为一般设备故障。一般设备故障分为一类故障、二类故障、三类故障。

1. 一类故障

（1）设备损坏直接经济损失每次 10 万元以下、3 万元及以上；

（2）电量损失每次 30 万千瓦时以下、10 万千瓦时及以上；

（3）差错电量每次 1500 万千瓦时以下、500 万千瓦时及以上。

2. 二类故障

（1）设备损坏直接经济损失每次 3 万元以下、0.5 万元及以上；

（2）电量损失每次 10 万千瓦时以下、1 万千瓦时及以上；

（3）差错电量每次 500 万千瓦时以下、100 万千瓦时及以上。

3. 三类故障

（1）设备损坏直接经济损失每次 0.5 万元以下、0.2 万元及以上；

（2）电量损失每次 1 万千瓦时以下、0.5 万千瓦时及以上；

（3）差错电量每次 100 万千瓦时以下、10 万千瓦时及以上。

（三）障碍

由于设备质量原因造成设备损坏，直接经济损失每次 0.2 万元以下、电量损失每次 0.5 万千瓦时以下、差错电量每次 10 万千瓦时以下者。

第十一条 人为差错

（一）重大人为差错

因人为责任原因造成下列情况之一者：

1. Ⅰ类电能计量装置电量损失每次 250 万千瓦时及以上；

2. Ⅱ类及以下电能计量装置电量损失每次 30 万千瓦时及以上；

3. 设备损坏直接经济损失每次 10 万元及以上；

4. 差错电量每次 1500 万千瓦时及以上；

5. 差错电量每次 1500 万千瓦时以下、500 万千瓦时及以上，自发现之时起，未在 72 小时内恢复正常计量或在 20 个工作日内未在营销业务应用系统中完成电量更正。

（二）一般人为差错

未构成重大人为差错，符合下列情况之一者定为一般人为差错。一般人为差错分为一类差错、二类差错、三类差错和四类差错。

1. 一类差错

（1）Ⅰ类电能计量装置电量损失每次 250 万千瓦时以下、10 万千瓦时及以上；

（2）Ⅱ类及以下电能计量装置电量损失每次 30 万千瓦时以下、10 万千瓦时及以上；

（3）设备损坏直接经济损失每次 10 万元以下、3 万元及以上；

（4）差错电量每次 1500 万千瓦时以下、500 万千瓦时及以上；

（5）差错电量每次 500 万千瓦时以下、100 万千瓦时及以上，自发现之时起，未在 72 小时内恢复正常计量或在 20 个工作日内未在营销业务应用系统中完成电量更正。

2. 二类差错

（1）电量损失每次 10 万千瓦时以下、1 万千瓦时及以上；

（2）设备损坏直接经济损失每次 3 万元以下、0.5 万元及以上；

（3）差错电量每次 500 万千瓦时以下、100 万千瓦时及以上；

（4）差错电量每次 100 万千瓦时以下、10 万千瓦时及以上，自发现之时起，未在 72 小时内恢复正常计量或在 15 个工作日内未在营销业务应用系统中完成电量更正。

3. 三类差错

（1）电量损失每次 1 万千瓦时以下、0.5 万千瓦时及以上；

（2）设备损坏直接经济损失每次 0.5 万元以下、0.2 万元及以上；

（3）差错电量每次 100 万千瓦时以下、10 万千瓦时及以上；

（4）差错电量每次 10 万千瓦时以下、1 万千瓦时及以上，自发现之时起，未在 72 小时内恢复正常计量或在 10 个工作日内未在营销业务应用系统中完成电量更正。

4. 四类差错

（1）电量损失每次 0.5 万千瓦时以下；

（2）设备损坏直接经济损失每次 0.2 万元以下；

（3）差错电量每次 10 万千瓦时以下、1 万千瓦时及以上；

（4）差错电量每次 1 万千瓦时以下，自发现之时起，未在 72 小时内恢复正常计量或在 5 个工作日内未在营销业务应用系统中完成电量更正。

（三）轻微人为差错

因工作人员失误造成差错电量每次 1 万千瓦时以下，但未造成电量或经济损失者。

第四章　故障、差错受理与上报

第十二条　故障、差错受理。在客户报修、周期校验、常规巡视、用电检查、在线监测等过程中发现的电能计量故障、差错，由相关责任部门进行业务受理，并通知地市供电企业营销部（客户服务中心）、县供电企业营销部（客户服务中心）处理。

（一）地市供电企业营销部（客户服务中心）、县供电企业营销部（客户服务中心）接到故障、差错处置要求后，应立即安排人员到现场处置；

（二）居民客户计量故障、差错处理到达现场时间：城区范围 45 分钟、农村地区 90 分钟，特别偏远地区 2 小时。

第十三条 电能计量发生故障、差错后，负责电能计量装置运维的供电企业应按资产或管理关系及时上报。报告主要包括：故障、差错发生的单位、时间、地点、经过、影响电量、设备损坏情况以及故障、差错原因的初步判断等内容。若发生电能计量重大设备故障、重大人为差错后，故障、差错单位应及时上报《电能计量重大设备故障、重大人为差错快报》（见附录 C）。具体上报时限如下：

（一）省公司管辖客户发生电能计量重大设备故障、重大人为差错，负责电能计量装置运维的供电企业应立即向省公司营销部汇报；

（二）省公司管辖客户发生电能计量一般设备故障、障碍、一般人为差错、轻微人为差错，负责电能计量装置运维的供电企业应在 24 小时内向省公司营销部汇报；

（三）地市、县供电企业管辖客户电能计量重大设备故障、重大人为差错应立即向地市供电企业营销部（客户服务中心）汇报；地市供电企业营销部（客户服务中心）应在 24 小时内向省公司营销部汇报；

（四）地市、县供电企业管辖客户电能计量一般设备故障、障碍、一般人为差错、轻微人为差错应在 24 小时内向地市供电企业营销部（客户服务中心）汇报。

第十四条 发生重大故障、差错供电企业应安排专业人员填写《电能计量重大设备故障、重大人为差错快报》，经本供电企业领导审核后按规定时限上报。

第五章 组织与调查

第十五条 电能计量重大设备故障、重大人为差错的组织与调查：

（一）当电量损失每次 500 万千瓦时及以上或设备损坏直接经济损失每次 150 万元及以上时，由国网营销部或其委托的单位成立调查组；

（二）当电量损失每次 500 万千瓦时以下或设备损坏直接经济损失每次 150 万元以下时，由省公司营销部或其委托的单位成立调查组；

（三）调查组根据工作需要，可委托专业技术机构进行技术鉴定。

第十六条 电能计量一般设备故障、一般人为差错的组织与调查：

（一）由地市供电企业营销部（客户服务中心）、县供电企业营销部（客户服务中心）委托的单位成立调查组；

（二）调查组根据工作需要，可委托专业技术机构进行技术鉴定。

第十七条 调查组成员的条件及职责

（一）调查组成员应当符合的条件

1. 具有相关专业知识，从事本专业工作五年及以上；

2. 具有中级及以上技术职称；

3. 与所发生事件没有直接关系。

（二）调查组职责

1. 查明故障、差错发生的原因、过程、设备损坏和经济损失情况；

2. 确定故障、差错的性质和责任；

3. 提出故障、差错处理意见和防范措施建议；

4. 出具《电能计量重大设备故障、重大人为差错调查报告书》（填报格式见附件 3）。

第十八条 调查程序

（一）现场保护

1. 故障、差错发生后，故障、差错单位应负责现场的保护工作，未经调查和记录的故障、差错现场，不得任意变动。需要紧急抢修恢复运行而变动故障、差错现场者，必须经上级有关部门同意，现场做好取证和记录；

2. 故障、差错现场的物件（如破损部件、碎片、残留物、封印等）应保持原样，不准冲洗擦拭，并贴上标签，注明地点、时间、管理者；

3. 故障、差错发生后，有关人员应迅速赶赴现场，立即询问记录故障、差错经过，并对故障、差错现场和损坏的设备进行照相（录像），收集资料。

（二）收集资料

1. 故障、差错发生后，现场作业人员和在场的其他有关人员应分别如实提供现场情况和写出故障、差错的原始材料，并保证其真实性；

2. 故障、差错调查组有权向故障差错发生单位、有关部门及人员了解故障差错情况并索取资料，任何单位和个人不得拒绝；

3. 故障、差错调查组应查阅有关运行、检修、试验、验收的记录文件，必要时还应查阅设计、制造、施工安装、调试的资料。故障、差错调查组还应检查有关规程和文件的执行情况等；

4. 故障、差错调查组应及时整理出反映故障、差错情况的图表和分析故障、差错所必需的各种资料及数据。

（三）调查

1. 故障、差错发生前设备和系统的运行情况；工作内容、开始时间、许可情况，作业时的动作（或位置），有关人员的违章违纪情况等；

2. 故障、差错发生的时间、地点、经过及现场处理情况；

3. 设备资料（包括订货合同等）、设备损坏情况和损坏原因；

4. 规章制度执行中暴露的问题；

5. 设计、制造、施工安装、调试、运行、检修和工作计划安排等方面存在的问题；

6. 所有调查取证的材料、记录、笔录等资料需当事人签字确认。

第六章　故障、差错处理与分析

第十九条　故障、差错报修处理。地市（县）营销部（客户服务中心）计量人员应依据《供电营业规则》等有关规定进行电能计量装置故障、差错处理，涉及计量抢修应由运维检修部门处理。

（一）故障、差错现场处置人员应准确分析判断现场故障情况。当客户有违约用电及窃电行为时，应立即报告用电检查人员处理；如属于重大设备故障、重大人为差错、一般设备故障、一般人为差错的情况，应保护好现场，立即向上级报告，由调查组进行处理；属于障碍、轻微人为差错可直接进行处理。

（二）故障电能计量装置处理和换装应严格执行《国家电网公司电力安全工作规程（配电部分）》和《国家电网公司计量标准化作业指导书》等有关规定，规范、有序地开展现场作业，有效防范作业风险。

（三）现场信息记录应详细、准确，电能表、计量箱封印等更换前后，应在工单上记录相关信息并拍照取证，并请客户确认和签字。

（四）故障、差错处理完毕后，应认真检查、核对，确保无新的故障、差错发生。

（五）故障、差错电能计量装置更换后，地市（县）营销部（客户服务中心）计量人员应于 2 个工作日内，在营销业务管理系统按规范的故障填报口径完成相关信息维护，涉及省公司计量中心检测业务范围内的计量故障信息应在 MDS 中及时维护。

第二十条　故障、差错分析

（一）调查组应在调查分析的基础上，明确故障、差错发生、扩大的直接原因和间接原因，必要时进行模拟试验和计算分析。

（二）电能计量装置投产后发生的故障、差错，如与设计、制造、施工安装、调试、集中检修等单位有关时，应通知相关单位派人参与调查分析。

（三）当故障分类属于电能计量器具质量故障时，营销业务应用系统将自动生成故障检测工单，地市供电企业营销部（客户服务中心）、县供电企业营销部（客户服务中心）应对故障电能计量器具进行故障诊断和分析；省公司计量中心负责地市供电企业营销部（客户服务中心）、县供电企业营销部（客户服务中心）无法查明原因的电能计量器具质量故障的故障诊断和分析，并进行运行中软件比对。

（四）省公司计量中心、地市供电企业营销部（客户服务中心）、县供电企业营销部（客户服务中心）应根据电能计量器具质量故障的原因、性质、类别，判定相应到货批次电能计量器具的质量，并据此在局部范围或更大范围内采取预警及相应质量控制措施。

第二十一条　责任认定

调查组应依据故障、差错调查所确定的事实，通过对直接原因和间接原因的分析，确定故障、差错中的直接责任者和领导责任者；根据其在故障、差错发生过程中的作用，确定主要责任者、次要责任者和扩大责任者，并确定各级领导对故障、差错应负的责任。

第二十二条　调查组成立后应在 45 日内报送《电能计量故障、差错调查报告书》（见附件 4）；遇特殊情况，经上级单位同意后，可延长至 60 日。电能计量故障、差错结案时间最迟不得超过 90 日。经故障、差错调查的组织单位同意，调查组工作即告结束。

第二十三条　被调查单位在收到《电能计量故障、差错调查报告书》后，如对故障、差错原因和责任分析的认定有异议，应在 15 日内向故障、差错调查组织单位提出申诉。

第二十四条　防范措施

（一）发生故障、差错的供电企业应制定防止同类故障、差错再次发生的对策和措施，要求落实负责执行的部门、人员和完成时间等；

（二）各级单位必须保证防范电能计量故障、差错所需的人财物等资源。

第二十五条　责任追究

（一）故障、差错责任确定后，应本着实事求是和"四不放过"的原则，按照人事管理权限对故障、差错责任单位和人员提出处罚意见，根据公司相关奖惩规定，结合各单位实际情况确定处罚金额。

（二）对有以下行为的单位和个人要进行严厉处罚：

1. 在调查中采取弄虚作假、隐瞒真相或以各种方式进行阻挠者；

2. 故障、差错发生后隐瞒不报、谎报或故意迟延不报、故意破坏故障、差错现场或无正当理由拒绝接受调查，以及拒绝提供有关情况和资料者。

（三）对发生电能计量故障、差错的供电企业，视其情节和性质追究有关领导责任。

第二十六条　资料归档

（一）故障、差错调查报告书及批复文件；

（二）现场调查笔录、图纸、记录、资料等；

（三）技术鉴定和试验报告；

（四）物证、人证材料；

（五）经济损失材料；

（六）经当事双方确认的电量更正资料；

（七）故障、差错责任者的自述材料；

（八）发生故障、差错时的工艺条件、操作情况和设计资料；

（九）处分决定和受处分人的检查材料；

（十）有关故障、差错的通报、简报及成立调查组的有关文件；

（十一）故障、差错调查组的人员名单，内容包括姓名、职务、职称、单位等。

第七章　检 查 考 核

第二十七条　公司各级单位应按要求在规定时限内统计上报电能计量故障、差错统计情况。

第二十八条　国网营销部组织对各级单位故障、差错处理工作开展情况进行定期检查评价，公司各级单位按隶属关系对电能计量故障、差错逐级进行考核。

第八章　附　　则

第二十九条　本规定仅作为公司各级单位对电能计量故障、差错调查与处理的依据，其对故障、差错及其下属概念的定义和对调查程序、统计结果、考核项目等的规定仅出于便于从技术角度进行描述的目的，不等同或近似于法律上对相关术语的解释。窃电行为不在本规定调查处理范围。

第三十条　本规定由国家电网公司负责解释。

第三十一条　本规定自 2014 年 10 月 1 日起施行。原《国家电网公司电能计量故障、差错调查处理规定（试行）》（国家电网营销〔2005〕489 号）同时废止。

附件 1　电能计量装置故障、差错调查处理流程
附件 2　故障检测流程
附件 3　电能计量重大设备故障、重大人为差错快报
附件 4　电能计量故障、差错调查报告书

附件 1 电能计量装置故障、差错调查处理流程

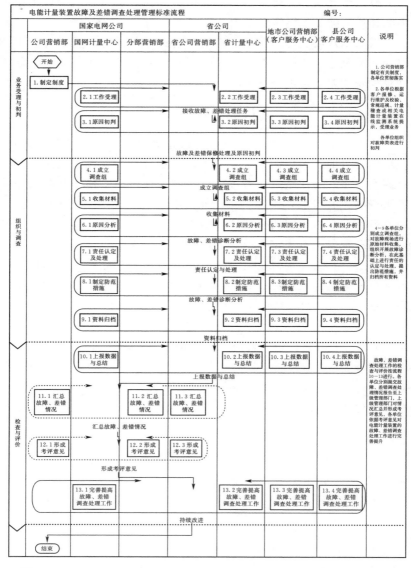

附件 2　故障检测流程

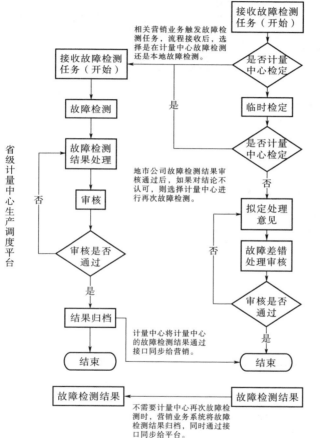

附件 3 电能计量重大设备故障、重大人为差错快报

填报单位（章）：＿＿＿＿＿＿＿＿ 填报时间：＿＿＿＿＿＿＿

地点		起始时间	
发现时间		处理时间	
类别	重大设备故障/重大人为差错		
故障、差错情况（经过、预估影响电量和直接经济损失）：			
故障、差错初步分析（原因、责任初步认定）：			
初步意见：			

批准：　　　　审核：　　　　填报：

附件 4　电能计量故障、差错调查报告书

1. 故障、差错名称：＿＿＿＿＿＿＿＿＿＿＿＿。

2. 故障、差错单位名称：＿＿＿＿＿＿＿＿＿＿＿。

3. 类别：＿＿＿＿＿＿＿＿＿＿＿。

4. 故障、差错发现人、时间：＿＿＿＿＿＿＿＿＿＿。

5. 故障、差错起止时间：＿＿＿年＿＿月＿＿日＿＿时＿＿分至＿＿＿年＿＿月＿＿日＿＿时＿＿分止。

6. 计量点情况〔计量方式、装置等级、型号、资产归属、最近一次现场检验（查）、更换等〕：

7. 故障、差错发生前运行情况：

8. 故障、差错经过及原因：

9. 故障、差错分析及暴露的问题：

10. 责任认定：

11. 电量追退情况（计算方法）：

12. 防范措施及对责任人的处理意见：

13. 参加调查组的单位及成员名单和签名：

14. 附录

　　　　　　　　　调查组组长签名：

　　　　　　　　　组织调查的单位负责人：

　　　　　　　　　组织调查的单位盖章：

　　　　　　　　　报出日期：＿＿＿年＿＿月＿＿日

附录 C 用电信息采集系统建设项目现场施工验收标准

为保证用电信息采集系统建设项目（简称采集项目）建设质量，规范现场施工各环节的技术标准，依据《电气装置安装工程接地装置施工及验收规范》《电气装置安装工程盘、柜及二次回路接线施工及验收规范》《电气装置安装工程施工及验收规范》《电业安全工作规程》《电能计量装置技术管理规程》《电能计量装置安装接线规则》等技术规程、规范的要求，编制现场施工验收标准。

一、设备安装质量标准

1. 采集终端安装质量验收标准

采集终端安装质量验收标准见表 1。

表 1   采集终端安装质量验收标准

序号	验收项目	质量标准	
1	设备安装	1. 安装位置应不影响生产检修，便于日常维护。 2. 采集终端应安装在计量箱（柜、屏）指定位置。 3. 采集终端应垂直安装，安装应牢固、稳定、可靠。 4. 采集终端的端钮盖应加封完备	
2	接线要求	电源回路	满足《电能计量装置技术管理规程》相关要求，二次回路的连接导线应采用铜质绝缘导线，电压二次回路至少应不小于 2.5mm^2，电流二次回路至少应不小于 4mm^2。二次回路导线外皮颜色宜采用：A 相为黄色；B 相为绿色；C 相为红色；中性线为黑色；接地线为黄绿双色

续表

序号	验收项目	质量标准	
2	接线要求	遥控与遥信回路	1. 控制回路导线截面应不小于 1.5mm²，信号回路导线截面应不小于 0.5mm²。 2. 线缆接入端子处松紧适度，轻轻拉动不脱落。禁止接线处铜芯外露
		通信回路	1. 485 通信线或光缆应挂线缆标示牌，以标明线路走向和线路编号。 2. 485 通信线或光缆应留考虑一定的预留
		辅助接线	230M 无线专网通信终端天线，一般要安装室外天线；对无线公网信号不稳定的终端需增加外置天线；天线安装牢固，馈线与天线接头处要密封防水处理

2. 智能电能表安装质量验收标准

智能电能表安装质量验收标准见表 2。

表 2   智能电能表安装质量验收标准

序号	验收项目	质量标准
1	设备安装	1. 安装应不存在安全隐患，便于日常维护。 2. 应垂直安装，牢固可靠。 3. 电能表端钮盖应加封完备。 4. 相邻单相电能表，垂直中心距应不小于 250mm，水平中心距应不小于 150mm 或侧面水平距离应不小于 30mm；电能表外侧距箱壁不小于 60mm
2	接线要求	1. 满足《电能计量装置技术管理规程》相关要求，二次回路的连接导线应采用铜质绝缘导线。电压二次回路至少应不小于 2.5mm²，电流二次回路至少应不小于 4mm²。二次回路导线外皮颜色宜采用：A 相为黄色；B 相为绿色；C 相为红色；中性线为黑色；接地线为黄绿双色。接线中间不应有接头，禁止接线处铜芯外露。 2. 接线正确，电气连接可靠，接触良好，配线整齐美观。 3. 可视部分与观察窗需对应，可操作部分应易于操作

3. 电能计量箱安装质量验收标准

电能计量箱安装质量验收标准见表 3。

表 3　　　　　　　　　电能计量箱安装质量验收标准

序号	验收项目	质量标准
1	设备安装	1. 安装位置正确，部件齐全，进出线开孔与导管管径适配。 2. 设备安装应装牢固，垂直度允许偏差为 1.5‰
2	安装工艺	1. 设备结构及元件的安装位置应符合设计要求。 2. 门的开闭应灵活，开启角度不小于 90°。 3. 元器件外观完好，绝缘器件无裂纹。 4. 元件安装牢固、整齐，操作灵活可靠。 5. 接线正确，电气连接可靠，接触良好，配线整齐美观。 6. 不同电压等级、交流、直流线路及强弱电间导线应分别绑扎，且有标识
3	接地要求	1. 金属箱体应可靠接地，标识清晰。 2. 装有电器的可开启门，门和框架的接地端子间应用裸编织铜线连接

4. 低压电流互感器安装质量验收标准

低压电流互感器安装质量验收标准见表 4。

表 4　　　　　　　　低压电流互感器安装质量验收标准

序号	验收项目	质量标准
1	设备安装	1. 安装应不存在安全隐患，便于日常维护。 2. 应自上而下或自左向右排列，安装牢固可靠
2	接线要求	1. 接线正确，各电气连接紧密。配线整齐美观，导线无损伤，绝缘性能良好。 2. 导线色相宜采用 A 相为黄色，B 相为绿色，C 相为红色；中性线为黑色。 3. 二次回路应安装联合接线盒。 4. 满足《电能计量装置技术管理规程》相关要求，电流二次回路至少应不小于 4mm²

二、设备调试质量标准

（一）采集接入率

1. 指标定义

采集接入率＝累计实现用电信息采集的用户数/应采集的用户数。

2. 指标计算要求

（1）应采集的用户数亦以台区为单位进行测试；

（2）指标要求：不小于100％。

（二）日采集成功率

1. 指标定义

日采集成功率＝每天用电信息采集系统主站采集成功的用户数/应采集的用户总数。

2. 指标计算要求

（1）采集频度：每天一次；

（2）数据项：公司规定的必采数据项；

（3）计算方式：每天早上9点系统自动抽取当天数据；

（4）指标要求：满足国网公司相关管理办法的要求。

附件1　用电信息采集系统建设项目综合验收项目评分表（项目管理部分）

序号	验收项目	标准分	评分说明	验收得分	验收意见
1	项目前期管理	10			
1.1	年度用电信息采集系统建设可行性研究报告及批复文件	4	1. 未编制可行性研究报告或可研报告未包含本年度建设内容不得分。 2. 可行性研究报告不符合要求的，扣2分。 3. 无批复文件的，扣2分		
1.2	工程初步设计（含概预算书）和工程初设批复文件	4	1. 未编制工程初步设计（含概预算书），不得分。 2. 初步设计（含概预算书）不符合要求的，扣2分。 3. 无批复文件的，扣2分		
1.3	年度用电信息采集系统建设储备项目及资金计划批文	2	1. 未纳入储备项目库的，扣1分。 2. 无资金计划批复或省公司未下达资金计划的，扣1分		
2	项目实施管理	60			
2.1	管理组织和管理制度	8			
2.1.1	采集系统建设领导小组、工作组和管控小组成立文件	3	1. 未成立相关组织机构，不得分。 2. 职责不明确，无详细的履行职责过程记录，扣1分		
2.1.2	工程项目管理办法、工程安全管理规定、工程资料管理规定	3	1. 未编制制度，不得分。 2. 缺一个扣1分，每发现一处内容制定不合理扣0.5分		

序号	验收项目	标准分	评分说明	验收得分	验收意见
2.1.3	用电信息采集系统典型设计或建设规范	2	无典型设计或建设规范，不得分		
2.2	招投标及合同管理	12			
2.2.1	用电信息采集系统建设项目物资、设计（监理）和施工中标通知书及招标过程材料	5	1. 每发现一项未通过招标程序的，扣1分。 2. 一项招投标程序不符合管理要求的，扣1分		
2.2.2	项目设计、监理和施工合同（含安全协议）和合同会签材料	5	1. 缺1份合同的，扣1分，扣完为止。 2. 未规定履行会签、审批手续，每发现一份扣1分。 3. 每发现一处不符合要求的，扣0.5分，扣完为止		
2.2.3	施工单位及施工人员承装（修、试）电力设施许可证和低压类电工进网作业许可证等相应的资质材料	2	无许可证或许可证不符合要求不得分		
2.3	施工管理	30			
2.3.1	用电信息采集系统单项工程勘查记录	3	1. 无单项工程勘查记录，不得分。 2. 每发现一个单项无勘查记录，扣0.5分，扣完为止		
2.3.2	用电信息采集系统单项工程施工方案	5	1. 无单项工程施工方案，不得分。 2. 每发现一个单项工程无施工方案，扣0.5分，扣完为止		

序号	验收项目	标准分	评分说明	验收得分	验收意见
2.3.3	用电信息采集系统单项工程施工人员培训记录	2	1. 未开展施工人员培训，不得分。 2. 培训记录不齐全，扣1分		
2.3.4	用电信息采集系统建设现场工作安全控制卡	5	1. 无单项工程现场工作安全控制卡，不得分。 2. 每发现一个单项工程无安全控制卡，扣0.5分，扣完为止		
2.3.5	用电信息采集系统单项工程开工申请表	3	1. 无单项工程开工申请表，不得分。 2. 每发现一个单项工程无开工申请表，扣0.5分，扣完为止		
2.3.6	用电信息采集系统单元工程验收和工程量核查记录	5	1. 无单元工程验收和工程量核查记录，不得分。 2. 每发现一个单元工程无验收记录或工程量核查记录的，扣0.5分，扣完为止。 3. 抽样台区现场验收时，每发现一个单元工程量核查错误的，扣1分，扣完为止		
2.3.7	用电信息采集系统工程设计变更记录、隐蔽工程验收记录	5	1. 抽样台区现场验收时，若工程设计发生变更的，无变更记录的，每发现一处扣1分，扣完为止。 2. 抽样台区现场验收时，现场有隐蔽工程，无验收记录的，没发现一处扣1分，扣完为止		

续表

序号	验收项目	标准分	评分说明	验收得分	验收意见
2.3.8	用电信息采集系统单项工程整改通知书	2	单项工程整改未形成闭环管理的，没发现一处扣0.5分，扣完为止		
2.4	物资管理	10			
2.4.1	设备到货验收记录	3	1. 未开展设备到货验收的，不得分。 2. 每发现一个到货批次设备未开展到货验收的，扣0.5分，扣完为止		
2.4.2	用电信息采集系统工程领料及退料单	4	1. 无领退料材料的，不得分。 2. 每发生一处物资领退不规范的，扣0.5分，扣完为止		
2.4.3	用电信息采集系统工程拆旧物资回收单	3	1. 无拆旧物资回收单，不得分。 2. 每发现一处拆旧物资回收不规范，扣0.5分，扣完为止		
3	项目验收管理	30			
3.1	用电信息采集系统单项工程竣工验收报告	2	1. 无单项工程竣工验收报告的，不得分。 2. 每发现一个单项工程无竣工验收报告的，扣0.5分，扣完为止。 3. 单项工程现场抽样检查的台区数量不符合规定要求，少1个台区，扣0.5分，扣完为止		
3.2	用电信息采集系统单项工程量统计表	5	1. 无单项工程量统计表的，不得分。		

序号	验收项目	标准分	评分说明	验收得分	验收意见
3.2	用电信息采集系统单项工程量统计表	5	2. 每发现一个单项无工程量统计的，扣1分，扣完为止。 3. 每发现一个单项工程量统计错误的，扣1分，扣完为止		
3.3	用电信息采集系统单项工程移交记录	2	1. 无单项工程移交记录的，不得分。 2. 每发现一个单项工程无移交记录的，扣0.5分，扣完为止		
3.4	用电信息采集系统建设综合验收申请表及自验收评分表	5	1. 无综合验收申请的，不得分。 2. 未按规定开展自验收的，扣3分		
3.5	用电信息采集系统工程竣工结（决）算报告	8	1. 未按照专款专用的原则来使用资金，存在挤占、截留的情况的，不得分。 2. 项目设计、监理、施工费用不符合《20kV及以下配电网工程预算定额》，每发现一项不符合，扣0.5分，扣完为止。 3. 项目设计、监理、施工费用超出审批费用，每发现一项扣0.5分，扣完为止		
3.6	用电信息采集系统工程竣工结（决）算审计报告	8	1. 无工程竣工结算审计报告的，不得分。 2. 结算审计不符合要求的，每发现一处扣1分，扣完为止		

附件 2　用电信息采集系统建设项目综合验收项目评分表（工程质量部分）

序号	检查内容	标准分	评分说明	验收得分	验收意见
1	外观检查	40	1. 电能表、计量箱、采集终端安装箱内清洁、整齐、无污垢。 2. 箱门加锁完后无缺损。 以上每发现一处不符合项，扣 1 分，扣完为止		
2	安装质量	40	1. 电能表、计量箱、采集终端应安装牢固，接地可靠。 2. 各回路接线正确（包含连接片的位置、有线通信线路）、整齐美观。 3. 色相、号牌、导线牌应装设齐全、标注清晰、无差错。 4. 电缆排列整齐，固定可靠，无机械损伤；电缆头无外漏；线缆接入端子处松紧适度，轻轻拉动不脱落。 5. 计量封印齐全、无缺损。 以上每发现一处不符合项扣 1 分，扣完为止		
3	现场信息符合性	20	1. 新装的电能表、采集终端现场安装信息与调试记录信息一致。 2. 客户档案信息应与现场情况一致。 3. 隐蔽性工程记录与现场施工情况相符。		

序号	检查内容	标准分	评分说明	验收得分	验收意见
3	现场信息符合性	20	4. 其他档案信息应与现场调试记录、营销业务应用系统、用电信息采集系统的记录相一致。 　　以上每发现一处不符合项扣 1 分，扣完为止		

附件 3　用电信息采集系统建设项目综合验收项目评分表（功能应用部分）

序号	验收项目	标准分	评分说明	验收得分	验收意见
1	采集成功率： （1）指标定义。指一天内主站系统成功采集电能表或采集设备的冻结数据总数占应采集的数据总数的比例。 （2）指标计算要求。 1）采集数量：采集主站采集任务配置的所有需要采集的用户和所有采集用户支持的历史日数据。 2）采集频度：允许多次采集。 3）采集时长：24 小时内。 4）数据项：正向有功电能示数。 5）系统设计：系统自动抽取采集主站前一日的采集任务信息，自动根据公式计算	30	本项总分 30 分 光纤＋485 方式： ＝100％，不扣分。 ≥99％，扣 2 分。 ≥98％，扣 4 分。 230M＋485 方式： ＝100％，不扣分。 ≥98％，扣 2 分。 ≥97％，扣 4 分。 GPRS＋窄带载波： ≥97％，不扣分。 ≥95％，扣 2 分。 ≥93％，扣 4 分。 GPRS＋宽带载波： ＝100％，不扣分。 ≥97％，扣 2 分。 ≥96％，扣 4 分。 GPRS＋485： ＝100％，不扣分。 ≥98％，扣 2 分。 ≥97％，扣 4 分。 GPRS＋微功率无线： ＝100％，不扣分。 ≥97％，扣 2 分。 ≥96％，扣 4 分。 扣完为止；每种通信方式，指标低于扣 4 分标准的，不得分。 多种通信方式并存，按比例折算		

序号	验收项目	标准分	评分说明	验收得分	验收意见
2	采集数据完整率： （1）指标定义。实际采集的数据项和每个数据项中的数据点占应采集数据项和数据点的比例。 （2）指标计算要求。 1）采集数量：采集主站采集任务配置的所有需要采集的用户和所有采集用户支持的历史日数据。 2）数据项：依据各单位管理需要设定的数据项。 （3）计算公式。实际采集的数据项和每个数据项中的数据点/应采集数据项和数据点×100%	10	≥99%，得10分。 ≥97%，得8分。 ≥95%，得6分。 以此类推，扣完为止		
3	采集数据准确率： （1）指标定义。采集数据准确的电能表数量占综合验收现场抄表的电能表数量的比例。 （2）指标计算要求。 1）采集数量：综合验收现场抄表的电能表数量。 2）数据项：正向有功电能示数。	20	100%，得20分。 发生一户采集数据不准确的（非主站原因），不得分		

序号	验收项目	标准分	评分说明	验收得分	验收意见
3	3）采集数据准确：采集系统采集的上一日正向有功电能示数≤现场抄录的正向有功电能示数。 （3）计算公式。实际采集数据准确的电能表数量/综合验收现场抄表的电能表数量×100％	20	100％，得 20 分。 发生一户采集数据不准确的（非主站原因），不得分		
4	档案信息一致率： （1）指标定义。采集系统与营销系统数据一致的用户数量，占营销系统用户数的比例。 （2）指标计算要求。以营销系统用户数据为基准，按公专变台区统计比对采集系统的用户数据的一致性。比对内容为电能表信息。 （3）计算公式。采集系统与营销系统档案信息一致的用户数/营销系统已改造用户数×100％	20	＝100％，得 20 分。 ≥98％，得 18 分。 ≥96％，得 16 分。 以此类推		
5	专变采集终端整点在线率： （1）指标定义。指 24 小时内每个整点终端在线数量，占状态为运行的终端总数的比例。	20	≥95％，得 20 分。 ≥93％，得 18 分。 ≥90％，得 16 分。 以此类推		

序号	验收项目	标准分	评分说明	验收得分	验收意见
5	（2）指标计算要求。 1）采集数量：状态为运行的全部终端。 2）考核周期：日。 （3）计算公式。整点终端在线率＝整点终端在线数/状态为运行的终端总数×100％	20	≥95％，得 20 分。 ≥93％，得 18 分。 ≥90％，得 16 分。 以此类推		

附录 D 电能计量封印管理办法

第一章 总 则

第一条 为规范和加强国家电网公司（以下简称"公司"）电能计量封印管理，有效防范窃电行为、维护供用电双方的合法权益，保证电能计量准确可靠，依据国家计量有关法律法规及公司相关管理规定，制定本办法。

第二条 本办法所称的电能计量封印，是指具有唯一编码、自锁、防撬、防伪等功能，用来防止未授权的人员非法开启电能计量装置或确保电能计量装置不被无意开启，且具有法定效力的一次性使用的专用标识物体。

第三条 本办法适用于公司总（分）部、所属各级单位的电能计量封印（以下简称封印）管理工作。

第二章 职 责 分 工

第四条 国网营销部主要职责为：

（一）负责组织制定公司封印管理办法和技术标准；

（二）负责公司封印管理工作的监督检查与考核评价；

（三）负责组织开展封印技术形式审查、技术研究和新技术推广应用。

第五条 国网计量中心是公司封印管理的技术支撑部门，主要职责为：

（一）负责公司封印形式审查和技术认定；

（二）负责公司系统封印全性能试验检测工作；

（三）协助国网营销部开展公司封印管理工作的监督检查与评价；

（四）协助国网营销部开展公司封印管理及应用情况的统计分析；

（五）负责本单位封印的采购、到货验收、发放、申领、使用等工作；

（六）负责公司系统封印选型和使用的技术指导、技术培训等工作。

第六条 省（自治区、直辖市）电力公司（以下简称"省公司"）营销部主要职责为：

（一）负责辖区内封印使用与管理的监督、指导；

（二）负责组织开展辖区内封印选型、购置计划审批等工作；

（三）负责辖区内封印管理工作的监督检查与评价；

（四）参与供应商评价标准制定和供应商现场评估工作。

第七条 省公司物资部主要职责为：

（一）负责制定封印供应商评价标准；

（二）负责组织开展封印供应商现场考核；

（三）负责组织辖区内封印的招标采购、合同签订；

（四）负责协调处理产品巡视（监造）及合同履约过程中遇到的问题；

（五）负责监督供应商严格遵守保密协议。

第八条 省计量中心主要职责为：

（一）负责辖区内封印需求计划审批、订货；

（二）负责辖区内封印的抽检、到货验收；

（三）负责辖区内封印的保管、发放及应用情况统计等工作；

（四）负责本单位封印的申领、使用与管理；

（五）协助省公司营销部开展辖区内封印管理工作的监督检查与评价。

第九条 地市（区、州）供电公司（以下简称"地市供电企业"）营销部（客户服务中心）、县（市、区）供电公司（以下简称"县供电企业"）营销部（客户服务中心）主要职责为：

（一）负责辖区内封印的需求计划的编制；

（二）负责辖区内封印的申领、保管、发放、使用等工作；

（三）负责本单位封印的申领、使用与管理。

第十条　地市、县供电企业运维检修部主要职责为：完成辖区内电能计量装置应急抢修工作后，及时通知地市、县供电企业营销部（客户服务中心）计量人员到现场对电能计量装置施封。

第三章　封 印 选 型

第十一条　省公司营销部应在遵循公司技术标准的基础上，按照科学合理、经济实用的原则，组织开展封印选型，在通过公司封印形式审查和技术认定的产品中，合理确定本单位封印的形式结构，选型结果报国网营销部备案。

第十二条　封印形式。按照公司技术标准《电能计量封印技术规范》的规定，计量封印分为卡扣式封印、穿线式封印、电子式封印，应根据使用对象、应用场合，结合封印结构形式，严格按规定安装使用。

（一）卡扣式封印的安装位置。安装位置应包括电能表、用电信息采集终端的出厂封印、检定封印及现场封印，计量箱（柜）门的现场封印；

（二）穿线式封印的安装位置。安装位置应包括电能表、用电信息采集终端的端子盖、互感器二次端子盒、联合试验接线盒、计量箱（柜）等设备的现场封印；

（三）电子式封印的安装位置。安装位置应包括Ⅰ、Ⅱ、Ⅲ类电能计量装置及重点关注客户；Ⅳ、Ⅴ类电能计量装置由各级供电企业根据自身购置能力和需要自行确定。

第十三条　封印用途分类。封印按照使用用途、使用场合和权限，分为出厂封、检定封、安装维护封、现场检验封、用电检查封五种。

第十四条　封印形式审查和技术认定。国网计量中心负责开展全性能试验，供应商自愿送检，全性能试验每次送检样品 500 只，国网计量中心按照公司技术标准规定的试验项目和要求进行全性能试验检测，出具试验报告。国网计量中心在全性能试验基础上进行形式审查和技术认定，审查内容包括封印材质、型式结构、防窃电性能等方面。

第四章 封印到货验收

第十五条 封印的订货。省公司物资部门负责封印的集中招标采购。省计量中心根据库存数量、配送需求等信息制定订货计划，按照公司技术标准《电能计量器具条码》的要求确定封印编码号段，并通知供应商按照约定的时间、地点供货。

第十六条 到货后抽样验收。省计量中心负责到货后抽样验收，应依据《电能计量封印技术规范》随机抽样，并按照规定项目进行试验。到货后抽样验收不合格，省计量中心应立即报告省公司营销部，省公司营销部通报省公司物资部门，由省公司物资部书面通知供应商，按照供货产品批次质量不合格处理。

第十七条 封印建档入库。抽样验收合格后，省计量中心负责封印建档入库，并采取必要的防盗措施，对封印实施库存管理。

第十八条 封印到货验收试验结果及建档信息应录入省级计量生产调度平台（MDS 系统）。

第五章 封印（钳）的发放和使用

第十九条 封印（钳）发放。省计量中心、地市、县供电企业营销部（客户服务中心）均应建立封印台账，指定专人负责封印发放和领用，封印发放信息应录入省级计量生产调度平台（MDS 系统）和营销业务应用系统。封印发放人员填写"电能计量封印发放登记表"（见附件 2），封印领用人员签字确认后，方可履行封印发放手续。

第二十条 封印的保管。封印（钳）领用人应妥善保管持有的封印（钳），当调离岗位时及时上交本供电企业封印发放人员；当领用的封印（钳）损坏、丢失时，应立即向本供电企业领导报告，填写"电能计量封钳损坏、丢失审批表"（见附件3），说明理由，并由本供电企业领导组织做好补救措施。

第二十一条　封印使用原则。封印使用人员在安装使用封印时应按照"谁使用、谁负责"的原则，严格按照附件4规定的权限使用封印，使用人只限于从事计量检定、采集运维、用电检查、装表接电等专业人员，不允许跨区域、超越职责范围使用。

第二十二条　封印使用规定。省计量中心、各地市、县供电企业营销部（客户服务中心）计量人员应根据工作权限和职责，对电能计量装置各部位（包括电能表、联合接线盒、互感器二次端子盖、电能计量箱、刀闸、电能量信息采集终端）施加封印。

（一）省计量中心实验室检定（检测）人员在检定（检测）合格后，对安装式电能表（含编程盖板）、用电信息采集终端、失压计时仪施加检定封；

（二）省计量中心和各地市、县供电企业营销部（客户服务中心）现场工作人员在电能计量装置和用电信息采集终端的新装、换装（含拆除）、现场校验、故障处理、编程、更换模块和读取数据等工作开始前，应检查原封印是否完好，若发现异常，应立即通知运行维护人员或用检人员现场处理；

（三）省计量中心和各地市、县供电企业营销部（客户服务中心）现场工作人员在现场工作结束后，应根据管理职责、权限对电能计量装置和用电信息采集设备施封，检查保证封印状态完好，并在现场工作单上记录施或拆（启）封信息，记录的信息至少包括工作内容、施或拆（启）封编号、执行人、施或拆（启）封日期等。电能计量装置施封或拆（启）封时，电力客户应在场并在工作单上签字确认；

（四）地市、县供电企业运维检修人员在完成辖区内电能计量装置应急抢修工作后，及时通知地市、县供电企业营销部（客户服务中心）计量人员到现场对电能计量装置施封；

（五）拆下的封印应妥善保管，统一上交后集中销毁。

第二十三条　实施封印信息化管理。室内检定过程中检定封与被加封计量设备的绑定信息应录入计量生产调度平台（MDS系统）；现场运行电能计量装置的封印信息应录入营销业务应用系统，并实现封印的跟踪查询和统计分析。

第六章　检查考核

第二十四条　按照"分级管理、逐级考核"的原则，每年至少开展一次封印管理工作的监督、评价与考核。

第二十五条　违规使用、私自转借、丢失封印等造成工作失误的，应根据相关规定对责任人进行处罚。复制、伪造和利用封印徇私舞弊、以权谋私造成公司经济损失的应依据法律和公司相关规定严肃处理，直至追究刑事责任。

第二十六条　国网营销部对本办法规定的管理活动进行检查并对附件 5 评价项目与指标进行评价，依据评价结果提出考核意见。

第七章　附　　则

第二十七条　本办法由国网营销部负责解释并监督执行。

第二十八条　本办法自 2014 年 7 月 1 日起施行。

附件1 电能计量封印管理流程图

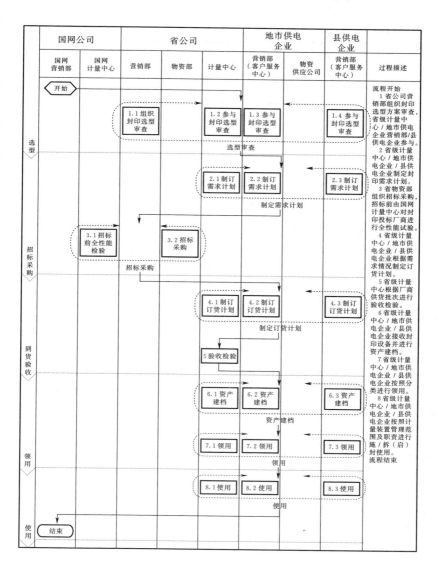

附件 2 电能计量封印（钳）发放登记表

单位名称：

序号	封印（钳）类型	数量及编号	发放人	领取人	发放日期

附件 3 电能计量封钳损坏、丢失审批表

单位名称：

姓　名	
部　门	
工　种	
审 批 类 别	□损坏　　　□丢失
封印（钳）编号	

损坏、丢失理由及拟采取的补救措施
申请人签字： 年　　月　　日

单位意见	
	签章： 年　　月　　日

附件 4　计量封印持有及使用权限表

持有人		出厂封	检定封	现场校验封	安装维护封	用电检查封
计量检定人员	室内检定	不允许	允许	不允许	不允许	不允许
	现场检验	不允许	不允许	允许	不允许	不允许
装表接电人员		不允许	不允许	不允许	允许	不允许
采集运维人员		不允许	不允许	不允许	允许	不允许
用电检查人员		不允许	不允许	不允许	不允许	允许
电能表和用电信息采集终端供应商		允许	不允许	不允许	不允许	不允许

附件 5　评价项目与指标

序号	评价项目	评价指标	责任部门
1	电能计量封印到货验收	电能计量封印建档率，100％	省计量中心/地市供电企业营销部（客户服务中心）/县供电企业营销部（客户服务中心）
2	电能计量封印使用	电能计量封印的使用正确率，100％	省计量中心/地市供电企业营销部（客户服务中心）/县供电企业营销部（客户服务中心）
3		电能计量装置加封使用到位率，100％	省计量中心/地市供电企业营销部（客户服务中心）/县供电企业营销部（客户服务中心）
4		不按规定使用、私自转借、丢失封钳等造成工作差错，应根据相关规定对责任人进行处罚，0次	省计量中心/地市供电企业营销部（客户服务中心）/县供电企业营销部（客户服务中心）
5		利用封钳徇私舞弊、以权谋私造成供电企业经济损失的应严肃处理，直至追究刑事责任，0次	省计量中心/地市供电企业营销部（客户服务中心）/县供电企业营销部（客户服务中心）